U0179801

启真馆 出品

到艾莱岛喝威士忌

梁岱琦——著

谢三泰——摄影

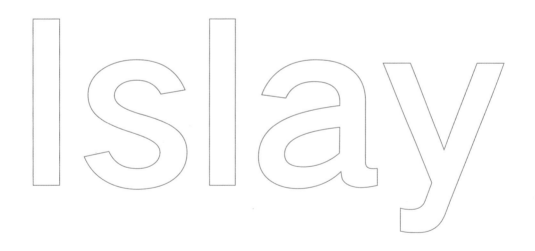

Islay

ZHEJIANG UNIVERSITY PRESS
浙江大学出版社

艾莱岛的余味

已经记不得第一次尝到艾莱岛威士忌时的情景，确定的是，那应该是一杯波摩 Surf。那时，还不时兴喝单一麦芽威士忌（single malt whisky），对艾莱岛更是似懂非懂，所以尽管是年轻、淡雅的波摩，酒中的那股泥煤味，还是让我望而却步。

人生很奇妙，随着时间、际遇的改变，当初令我敬而远之的，却成了终身所爱。初时，当席间有人大赞这是好酒时，我总是皱着眉，不明了这酒的魅力究竟在哪；后来，我硬着头皮闯入艾莱岛威士忌的世界，才发现从惧怕到逐渐懂得它的滋味，其实不需要花太多的时间。

艾莱岛威士忌里有种粗犷的细致，在那招牌的泥煤烟熏味后，藏着极为复杂的滋味。有时是果干的甜，有时是香草的清新，有时带点蜂蜜的暖腻，有时又像是土地的泥香。更多时候，它让你有种面向海洋的错觉，似海潮涌向你，空气中带着咸味，你几乎可以尝到那海水；也像你误闯入弥漫着雪茄烟雾的密室，厚重的烟熏味将人团团包围住。

艾莱岛威士忌常令人惊喜，给人的感觉就像打开一扇厚重的大门，里头却是一间精巧的艺廊；或是正听着小号手豪迈地吹奏，咆哮中听见款款的深情。

一杯、两杯、三杯艾莱岛威士忌，似乎再也无法令我满足，我不由得兴起到艾莱岛走一遭的念头。从念头兴起到成行，时间只有三个月。这个苏格兰南方的小岛只有三千多人，岛上没有任何红绿灯，牛羊群绵延至天边，大自然唾手可得。辽阔的海洋、宽广的天空和质朴的人们，孕育出独具风格的威士忌。

苏格兰使用泥煤烟熏麦芽的威士忌，产地不只艾莱岛，但艾莱岛威士忌的风格却无可复制。同产区的八间蒸馏厂，每间都独一无二；即使是邻近的蒸馏厂，也能保有各自的风貌。蒸馏厂有美丽的风景、难忘的美酒，还有辛勤的酿酒人。

不止一次，我在蒸馏厂里遇见工作了数十年的蒸馏师，他们多是挺着个大肚子，身材壮硕，操着完全听不懂的口音，讲着新酒的学问。语言不通没关系，他们一辈子与威士忌为伍，眼神透露着对自己工作的骄傲。许多蒸馏厂至今仍舍弃科技不用，单纯地信赖这些工作了三四十年的蒸馏师，他们决定着最关键的蒸馏程序，萃取珍贵的酒心，做成迷人的佳酿。

边喝边旅行，边旅行边喝。站在蒸馏厂的堤岸边，啜饮着艾莱岛威士忌嘉年华的限量酒，看着清澈海水里载浮载沉的海藻，迎着微微的海风，遥望着远方的北爱尔兰，这是一种体验。

另一种体验是，开着车子驶进蜿蜒的乡间小路，对本地居民临时起意的叨扰，换来的是毫无保留的招待。无论是在街角、餐厅、pub（酒吧），只要主动开口，得到的都是不做作、直接的热情。艾莱岛的人们就像威士忌，喝一口，暖暖回味在心头。

一趟艾莱岛威士忌嘉年华之旅，喝了许多这辈子可能再也喝不到的好酒，也遇见了许多深印在脑海中的面孔。

威士忌的品酒顺序里，在辨别颜色、香气、酒体后，最后一道称为 finish。Finish 通常翻译为"尾韵"，指的是酒入喉后留在口腔里的滋味，但我更喜欢称它为"余味"。"余味"是一种残留与回味，一种令你念念不忘的感觉，喝下一口威士忌，又似未完全饮尽，余味留在口中和心里。

下次喝完最后一口艾莱岛威士忌时，记得留意那余味。把杯子凑到鼻子前闻一闻，好好享受沉淀在酒杯里的香气。这本书所记载的文字和影像，就像是遗留在杯底的艾莱岛威士忌的余味，我不愿一人独享，所以共享，希望你们也能尽兴，找到自己喜欢的艾莱岛片段，哪怕只是一景一物，能细细地沉淀在心底，就已足够。

Islay

目 录
Contents

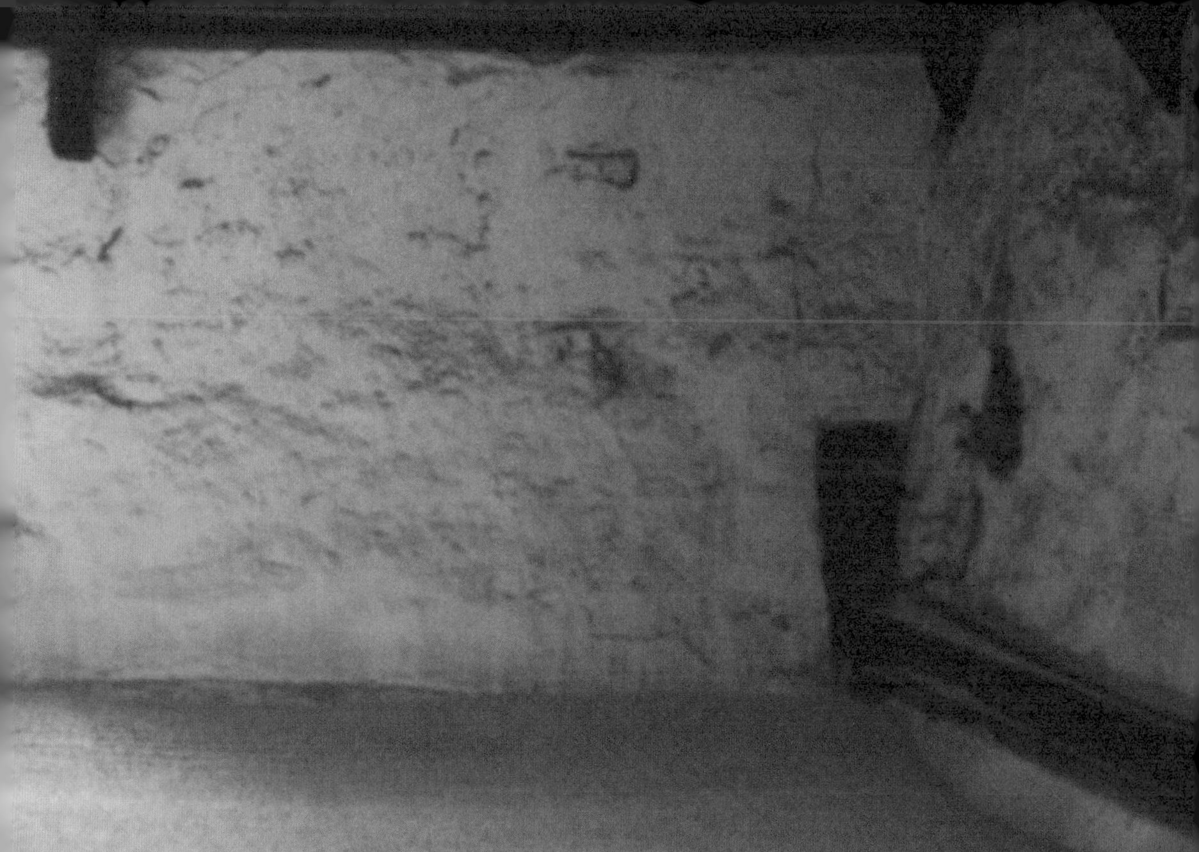

Part 1 This Remote Island

他方之岛

艾莱岛，北境的小岛。

过去我都是从瓶中、杯里认识它，想象着是一块怎样的土地、怎样的人们，酿出了如此特色鲜明、性格独具的"琥珀之液"。

"风土"一向是制酒的关键。走一趟艾莱岛，优美的风景和质朴的居民，在我心里留下深深的烙印，它们成了艾莱岛威士忌最棒的余味。

酝酿

粗犷男子的温柔之心

在冬夜，喝一杯金黄色的液体，直暖进心里，尽管酒尽杯空，独特的酒香气，还留在味觉里，久久不肯散去。

喝酒是件很私密的事，喝威士忌更是。威士忌是"生命之水"，个中滋味只有自己才了解。有时，我们会用一点威士忌，化解那开场的尴尬，松开彼此的心防，掏出一些心里的话。有时，我们只是需要陪伴，又或者，只是单纯想喝。

年纪愈长愈懂得，甘美常在苦涩后，时间是最好的见证人。愈来愈喜欢木头经过长时间使用后润出的光泽；酒经过陈年后，褪去呛辣刺激，留在舌尖的香醇。艾莱岛威士忌是独特的伴侣，不是每个人都懂它，你只会和懂得它的人喝。

很多人不喜欢它入口时刺鼻的味道。消毒药水、外科诊所、碘酒味、正露丸、烟熏味、海水味，这些都是形容它味道的字眼。很多人因此掉头离去，更多人深陷它风味的泥沼里。

它就像粗犷的男子，却有颗温柔的心（tough guy with a gentle heart）[1]，令人想要细细探究那强硬外表下内在的底蕴。

荒芜的海岸边布满了海藻，有些艾莱岛威士忌喝起来也带点海藻味。

丰沛的水源和大麦，艾莱岛先天就拥有制造威士忌的两大要件。

[1] 旅居艾莱岛的马丁·努埃（Martin Nouet）女士曾以"tough guy with a gentle heart"此绝妙好词形容艾莱岛威士忌，她也是少数获得"苏格兰双耳小酒杯大师"（Master of The Quaich）的女性之一。

灵魂也渗入威士忌中

　　艾莱岛威士忌的滋味来自岛上的风土和制酒的人们，因为蒸馏厂邻近大海，威士忌在橡木桶里经年累月吸取着空气中海洋的气息。制酒的水源流经泥煤的地层，带着淡淡的咖啡色，泥煤层中富含的石楠植物等物质，也流浸于水源里。麦芽在干燥的过程中，以岛上数千年来惯用的燃料泥煤熏干，烟熏的风味因此附在麦芽中。当然还有，岛上的居民是那么地热情质朴，他们深爱这块土地，张开双臂迎接想认识艾莱岛的人，并以身为艾莱人而骄傲，他们的灵魂也渗入威士忌中。

　　艾莱岛威士忌就是灵魂的滋味。

　　想迎着风、临着海，啜饮这味道独特、强劲的酒液。想去艾莱岛，想亲自体验那威士忌的制成过程，想让艾莱岛威士忌带着我，认识这个远在大西洋的岛屿，于是我从台湾到了地球另一端的一个小岛。

艾莱岛，爱啦！

　　这是一趟用味觉、嗅觉、颜色和温度在心底酝酿了很久的旅程，为那一口口暖进心里的感觉。

　　艾莱岛，Islay，发音为 eye-la，"爱啦"。以前常搞不清楚该怎么念，去过以后，就真的爱上了这个有着独特人情味的小岛，永远也忘不了。

齐侯门附近的马希尔海滩（Machir Bay）
上，层层绵延的细沙。

这是一个只有 3228 人①的小岛，是威士忌的产区之一。在苏格兰的地图上，它位于西半部支离破碎的海岸线的尾端，是赫布里底群岛（Hebrides）最南的一个小岛，虽然面积不大，但自古就是权力中心，素有"赫布里底女王"（The Queen of the Hebrides）之称。岛的一边紧邻苏格兰，另一边则是一望无际的大西洋。

艾莱岛上只有两条公路，没有任何红绿灯。面积为 600 平方公里，跟新加坡差不多，说大不大，说小也不算小，如果从岛的右边开到左边，差不多也要五六十分钟。不过，这么小的岛却闻名遐迩，世界各地都有人着迷于它的滋味，艾莱岛的魅力就在杯里持续发酵。

"威迷"心中的梦幻逸品

最有名的当然就是威士忌，艾莱岛有长达 209 公里的海岸线，不少蒸馏厂都位于海边，终年面对强劲海风的吹拂，吸取着海洋的精华。岛上总共有雅柏（Ardbeg）、波摩（Bowmore）、布赫拉迪（Bruichladdich）、布纳哈本（Bunnahabhain）、卡尔里拉（Caol Ila）、拉加维林（Lagavulin）、拉弗格（Laphroaig）、齐侯门（Kilchoman）等八个威士忌蒸馏厂。过去曾经有另一个蒸馏厂波特艾伦（Port Ellen），但已在 1983 年结束威士忌蒸馏作业（distillation），转成了麦芽厂，专门提供麦芽给艾莱岛上其他的蒸馏厂，少数仍在市面上流通的波特艾伦酒款，成了威士忌迷们心中的梦幻逸品。

艾莱岛威士忌有着独特的风味，也是岛上最大的产业。至于是谁发明了制造威士忌的方法，综合各种传说，最普遍的讲法是爱尔兰人发明了威士忌。而艾莱岛距离爱尔兰只有 40 公里的距离，天气好时，从艾伦港（Port Ellen）方向往南望，可以清楚地看见爱尔兰，艾莱岛的威士忌制造历史悠久，早早就得到爱尔兰的真传。

---

① 2011 年人口普查数。

威士忌之外

除了威士忌，艾莱岛拥有丰富的自然景观，有漂亮的海岸线和沙滩，平缓的草地与海岸相连，常可见放牧的牛羊群就在海边悠闲地吃着草。8月左右，岛上的泥煤地上，会开满淡紫色的石楠花。超过250种鸟类在岛上驻足，让艾莱岛也成了赏鸟人士的最爱。岛上野外生态丰富，常可见开着露营车或骑着单车的旅客，甚至有不少健行客，选择以徒步的方式游览全岛，也有骑着哈雷重型机车，"重装"前来的旅客。

艾莱岛文明和历史起源极早，岛上有不少遗迹，有一个公元800年的基戴尔顿高十字架（The Kildalton High Cross），现仍矗立在岛的南方。虽面积不大，但艾莱岛曾自成一王国，一度是苏格兰西岸的权力中心。维京人曾试图占领它，不过遭遇艾莱岛人顽强的抵抗，岛上的居民很早就展示了他们强烈的凝聚力，到今天都没有改变。

盖尔文化

艾莱岛深受盖尔文化影响，岛上唯一的大学即盖尔学院。盖尔语（Gaelic）是凯尔特语的分支，当初由爱尔兰移民带入苏格兰地区，不过随着时间的演变，盖尔语与爱尔兰语似乎又有些微的不同，其主要使用者以苏格兰西部和赫布里底群岛的居民为主。艾莱岛上随处可见盖尔语，像那些念不出来的酒厂名称和地名都是，甚至连艾莱岛威士忌嘉年华的官方网站，一开始也以盖尔语书写，参与者也有不少盖尔语和盖尔音乐的工作坊（workshop）。

艾莱岛威士忌及音乐嘉年华

旅行有时真的需要一点冲动，尤其是要飞越大半个地球，到一个连很多英国人甚至苏格兰人都不曾去过的小岛，更是需要多一点勇气。我怕再不动身，这股念头会逐渐消失，于是前往艾莱岛的旅程就从一封封邮件开始。

每年5月最后一周，岛上都会举办"艾莱岛威士忌及音乐嘉年华"（The Islay Festival of Malt & Music，岛上习惯以盖尔语写成 Feis Ile）。早在一年前，艾莱岛威士忌及音乐嘉年华的官方网站上，就会预告下次嘉年华开始和结束的日期。真要去艾莱岛，当然不想错过这一年一度，在艾莱岛威士忌迷心中有如朝圣般的威士忌庆典。

艾莱岛威士忌及音乐嘉年华的诞生，很值得借镜。一开始只是岛上的居民觉得盖尔文化逐渐失传，盖尔语已不被纳入主流教育里，担心文化无法传续，于是在1984年先办了第一届"盖尔文化戏剧节"（Gaelic Drama Festival）。除了盖尔语戏剧演出，也加入了传统音乐和乐器的工作坊，吸引了岛上年轻人和年长者的认同与参与，进一步成立了艾莱岛艺术协会，这是艾莱岛威士忌及音乐嘉年华的前身。

即使已是 5 月，艾莱岛仍常见一片枯黄，
有种萧瑟的美感。

和许多偏远小岛一样，艾莱岛也为高失业率所苦，岛上的居民们认清唯有靠自办活动，才能让人们踏上这个小岛，提高就业率。他们一开始想到的是盖尔文化，让"盖尔文化艺术节"成为艾莱岛的招牌，直到1990年，才有人在艺术节里办了第一场艾莱岛威士忌的品酒活动，迟至2000年，岛上的蒸馏厂才陆续加入。在艺术节这一周里，每个蒸馏厂都有自己的"开放日"（Open Day），开放厂区让大家参观，设计各式同乐活动。有了蒸馏厂的助阵后，"盖尔文化戏剧节"也就顺理成章转变成了"艾莱岛威士忌与音乐嘉年华"（简称"艾莱岛威士忌嘉年华"）。

蒸馏厂每年都会针对艾莱岛威士忌嘉年华推出"限量版"的威士忌，很多死忠酒迷们，为了要抢得一瓶珍藏，酒厂还没开始营业就已大排长龙，展现出对艾莱岛威士忌的高度忠诚。艾莱岛威士忌嘉年华也成了艾莱岛一年一度的盛事，这段时间，蒸馏厂为酒客们敞开大门，全岛为这活动全数动员了起来，短短一个星期，有近万名游客抵达岛上，数量是岛上居民的三倍。艾莱岛人靠着自己的力量，让一个贫穷的海岛，脱胎换骨成了全世界威士忌迷们毕其生欲朝圣的"圣地"了！

旺季，订房太晚了

起步太晚了！每年到了嘉年华活动期间，艾莱岛上都是一房难求。在2月底、3月初时，我试着通过网络订房，距离5月底的艾莱岛威士忌与音乐嘉年华还有三个月时间，但大部分收到我邮件的艾莱岛居民，都惊讶地回复"怎么这么晚才找住的地方"。

艾莱岛总共有13间旅馆、44间B&B（Bed & Breakfast）和124间出租度假

捧着一杯威士忌，在蒸馏厂内闲逛，是艾莱岛威士忌嘉年华时，游客最惬意的一件事。

小屋（self catering accommodation），对一个小岛来说，这样的数量并不算少，尤其是平时艾莱岛的观光客并不多，我一开始确实心存侥幸，想着应该不会这么糟，连一个房间都订不到吧！没想到我差点因为搞不定住的问题放弃这趟艾莱岛之行。

预约布里金德饭店

每天起床第一件事，就是打开计算机，检查所有来信。一封封回复已客满的邮件实在令人气馁，还有B&B的老板在邮件里忍不住用教训的语气提醒我：房间应该要在一年前就订好，怎么能在嘉年华开始前三个月才找住的地方？我本以为这下该去不成了，没想到某天早上收到一封好消息，布里金德饭店（Bridgend Hotel）的经理萝娜告诉我，我很幸运，刚好有订房取消，他们多了间空房出来，这才顺利解决了住的问题。

艾莱岛浓浓的人情味，也在订旅馆时就感受到了。收到萝娜来信的同一时间，我也收到其他旅馆及民宿主人的邮件，他们都听说布里金德饭店放出了一间空房，通知我赶快跟旅馆联络，甚至还把我的邮件同步转发给萝娜，让我还没踏上艾莱岛，就有满满的感动。

艾莱岛的行政首府是波摩，没错，波摩是岛上最热闹的小镇，同时也是波摩蒸馏厂的所在地。它位于岛的中央位置，布里金德饭店就在波摩再过去一点，是个小巧古典的旅馆。能够在山穷水尽之际拥有一间舒适的房间，我们的艾莱岛之行有了幸运的开始。

租车，才能解决行的问题

岛上的人口密度实在太低了，公交一小时才一班，八个酒厂的位置东南西北都有，租车似乎是最好的方法。

港湾边常可见海鸟栖息着。

艾莱岛威士忌嘉年华期间，岛上一房难求，不少人选择在海边搭帐篷露营。

海边小镇是岛上常见的聚落形式，此为艾莱岛南端的波特纳黑文（Portnahaven）。

布里金德饭店有着小巧典雅的英式庭园。

通过 Islay Car Hire 网站，我以邮件的方式预订车子，一开始收到的回复也是车子都被预订满了，只是我不死心，又发了一封可怜兮兮的信，表明不管多旧，不管是什么样的车子都可以。通常我的脸皮不会这么厚，但我实在太想去艾莱岛了，幸好我的锲而不舍再次带来了意想不到的结果。

谢谢，温暖助人的艾莱岛人

租车公司来信问我，手动挡车可以吗？可以、可以，已经说了，什么车都可以，这时就算是面包车，我也会毫不犹豫立刻就租。不过，租车公司说只有头几天有车，行程后两天暂时还没有，但他们安慰我，也许晚一点能够协调出车子给我用。

果真，到了艾莱岛后，本来以为最后两天会无车可用，结果又是出乎意料，原车可以使用到离开艾莱岛那天，让我们不致沦落到得"健行"。真是谢谢温暖又助人的艾莱岛人。

没有红绿灯，只有一条沿着地形起伏的道路，在艾莱岛上开车是件畅快的事。

小心羊！在路上开车遇到羊群的几率比人高上许多。

启程 >>

岛上的风，迎接着我们

这是金雀花和蓝铃花的季节，却遍寻不到石楠花的踪影。当乘着小小的飞机，穿过苏格兰西岸那破碎的海岸线，降落在艾莱岛的土地上时，岛上那有名的风，正迎接着我们。顶着风前进，带着雀跃的心情，我们终于要踏上艾莱岛，准备好好体验岛上的风土和人情滋味！

那是一台 SAAB 340 的螺旋桨小飞机，机组人员就三名，机长、副机长和一位空姐。从格拉斯哥机场起飞，航程很短，大约三十分钟，机上没有任何服务，可能是时间不允许吧！飞机起飞没多久，飞越星罗棋布的岛屿后，就看见海面闪耀金色的阳光，照射在纯白的酒厂外墙上。

矗立在海边的白色酒厂

雅柏、拉加维林和拉弗格三个蒸馏厂，齐聚在岛的右岸，三座白色的酒厂就矗立在海岸边，吸收着海风和潮汐的精华，酝酿成独到的滋味。可惜是搭飞机前来，如果坐渡轮，停靠岸是艾伦港，据说远远就能瞧见蒸馏厂，游客能够望着白色建筑，一步步靠近艾莱岛。

因为岛上人口真的不多，机场也只有一条简单的跑道，一进机场就看到拉弗格蒸馏厂的经理约翰 · 坎贝尔（John Campbell），看来他应该是为迎接搭乘同班机的贵宾而来。

我在机场拿到了先前预订租车的钥匙，一辆小小的手动挡白色 Polo，就要陪着我们东西南北四处奔波了。

搭乘螺旋桨飞机是抵达艾莱岛最快速的方式。

雪白外墙的蒸馏厂，是艾莱岛必访之地。图为拉加维林蒸馏厂。

LAGAVULIN

一旁是草原一旁是海

岛上的公路，严格来说只有两条，最常走的是 A846，它延伸到岛的另一边时，成了 A847。另外一条 B8016，则是蜿蜒在乡间的产业道路。其实，整个艾莱岛都是乡间的景色，最常见的是公路沿着海岸线，一旁是草原，一旁是海洋。羊儿逍遥地低头吃草，有时那些牛和羊群，走着走着就走入大海里，草原和沙滩连成一片，自然放牧的动物们也就自在地游走其中。

英国驾驶的方向跟我们相反，我们是靠右，他们是靠左。刚开始不习惯，常没意识过来突然开到对方的车道，幸好岛上的驾驶者都很友善，我们偶尔犯错，他们总能礼让我们这些外来客。

开车这件事，也再次让我体会到岛上的浓浓人情味，在这个没有任何红绿灯的小岛上，只要路上遇到来车，对向驾驶者一定会以手势打招呼问好。手势有很多种，最常见的是举一下左手或右手示意，甚至只举一根手指也算。不管是哪一种手势，只要见到来车，礼数都不会少。

刚开始有点受宠若惊，不过既然来到艾莱岛，当然要入境随俗，我也跟着迎面来车打招呼。这样的动作渐渐成为习惯，小小的一个举动，却透露出浓浓的善意，我们开起车来心情也特别好。

误认蓝铃为石楠

艾莱岛多是泥煤地质，我曾经在书上看过，在石楠花盛开的季节，岛上的泥煤地会覆上一层淡粉紫色的石楠花，真向往这样的景色。石楠花叫"Heath"，在参加蒸馏厂之旅时，我听到一位酒客跟导览员说，女儿问她，是不是因为太喜欢艾莱岛威士忌，所以将她取名为"Heather"（海瑟，同时也有石楠花之意）。

绵延的麦田制成闻名的艾莱岛威士忌。

前往蒸馏厂的路上，常可遇到羊群。农家在羊的颈、背上染了色，作为自家羊群的标记。

艾莱岛畜牧业盛行，常可见牛群和羊群一块吃草。

从亚热带来的我们对北国荒原常见的石楠花很陌生，每当在路边看到淡紫色的花朵时，我都猜想这会不会是石楠，问提着包经过的老奶奶，她笑笑回我说："亲爱的，这是蓝铃花，石楠花的季节还没到呢！"细看花的形状，果然像个小铃铛般，真是蓝铃花。

猖狂绽放的金雀花

这个季节，其实属于艳黄的金雀花。在公路旁，常见一大丛一大丛的金雀花，花型小小的，但因是灌木，总是一大把一大把，猖狂地绽放着。有阳光时，它们那样金黄，让人看了心情特别好；没有阳光时，幸好岛上还有金雀花，替灰扑扑的平原妆点些颜色。

开着车在路上奔驰，在两旁陪伴着的，不是可爱的羊群，就是亮晃晃的金雀花。

艾莱岛没有高山，偶有树林，多数地形是略有起伏的草原和麦田。因为没有阻挡，虽然已经5月下旬了，但强劲的海风常就这么直接吹进骨子里，偶尔飘点雨，气温顿时就往下降，出乎意料的冷。白天气温有十五六摄氏度，太阳露脸时，舒适宜人，但到了晚上，温度可以降到五六摄氏度，旅馆房间里得开暖气才能睡得暖和安稳。真要挑剔的话，时好时坏的气候，是艾莱岛之旅最让人无法适应之处。

八个蒸馏厂该怎么玩？

多数来艾莱岛的人，都是冲着岛上的八个蒸馏厂来的：雅柏、波摩、布赫拉迪、布纳哈本、卡尔里拉、拉加维林、拉弗格、齐侯门。这里头有熟悉的，

小巧的蓝铃花开得满满。

正逢5、6月金雀花的季节，这色彩鲜艳的灌木丛在海岛各处都看得见，替艾莱岛添上了无限亮丽。

也有陌生的。其实，旅行从计划时就开始了，我早早就在网络上浏览过这些蒸馏厂，在细细安排导览行程时，也先神游了一番。

八个蒸馏厂该怎么玩？从哪里开始？着实让人伤神许久，最后我拟定两段式策略。整段艾莱岛之旅，抵达时艾莱岛威士忌嘉年华尚未开始，以蒸馏厂平时的各式参观行程暖身；等到艾莱岛威士忌嘉年华正式开始，就以各蒸馏厂的开放日和特别推出的导览、品酒活动为主。

不亲身走一遭，很难体会艾莱风味

于是我们安排好了每天不同的酒厂之旅，毕竟这是来艾莱岛最主要的目的。庆幸这是个网络发达的年代，没有距离的限制，不论身在何方都可以详细浏览各蒸馏厂。虽然制作威士忌的过程大同小异，但就如同威士忌尝起来的味道各不相同，八个蒸馏厂各自有各自的风格，不亲身走一遭，很难具体感受到。这趟艾莱岛之旅，就是以身体验证艾莱岛不同风味的品酩之旅。

海风强劲，将岛上的树剪出老龙虬结的枝干。

品尝各个酒厂的经典酒款，最能满足朝圣者的心。图为雅柏蒸馏厂陈列出的各式酒款。

铜制蒸馏器是蒸馏厂的珍宝。

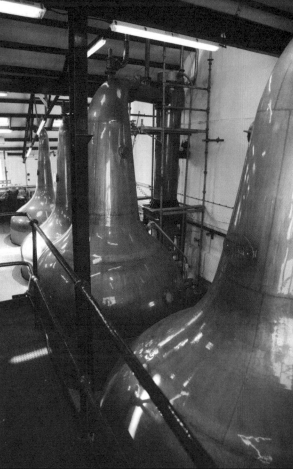

艾莱人　　　　　>>

你是不是 Ileach？

请学会这个词，Ileach，正确念法应该是伊拉喝！艾莱人！

艾莱岛威士忌独特的烟熏风味，喝过一次就难以忘记，艾莱岛上的人情，更是令人久久无法忘怀，品尝着艾莱岛威士忌时，我脑海中浮现的常是岛上的风土人情。

在岛上旅行时，只要问："你是不是 Ileach？土生土长的艾莱人？"对方总会骄傲地回答："是！"听到 Ileach 这个词，惊喜之余，双方立刻拉近了距离。Ileach 是盖尔语的艾莱人，艾莱岛和苏格兰某些地区至今仍习惯使用盖尔语，包括酒厂名称、地名，古老的文字和语言仍在广泛地被使用，甚至不少官方或蒸馏厂的网站上，都能一再见到盖尔语。

艾莱岛对保存盖尔文化、语言、文字、音乐不遗余力，岛上唯一的大学，就专为盖尔文化而设，艾莱人也继承了盖尔人鲜明的性格。

威士忌已经流入血液中

我们从远古的盖尔祖先那儿，遗传了许多个性，固执、坚持、自给自足、强悍、勤劳、直率、感性、热情、聪明、好胜，也许还有一点调皮！

THERE ARE MANY ATTRIBUTES WE SHARE WITH OUR DISTANT FAREFATHERS: STUBBORN, RESOLUTE, SELF-SUFFICIENT, TOUGH, HARD-WORKING, ENDURING, STRAIGHT-TALKING, EMOTIONAL, PASSIONATE, PHILOSOPHICAL AND ENGAGING…PERHAPS WITH A CERTAIN ROGUISH QUALITY.

许多艾莱人一辈子都在蒸馏厂工作，流着威士忌灵魂的血液。此为布纳哈本的蒸馏师罗宾，他从 1978 年起就在布纳哈本工作。

这是布赫拉迪蒸馏厂网站上对艾莱人个性的描述，并且刻意使用大写的英文来表现。艾莱岛上三千多位居民，除了从事农、畜、渔业外，很多人一辈子都以蒸馏厂为家，他们动辄三四十年都在同一酒厂工作，威士忌已经流入他们的血液中。艾莱岛威士忌产业，不只带动岛上的经济，对岛民来说，更是息息相关、休戚与共的生命共同体。

不折不扣的摇钱树

艾莱岛威士忌并不只是威士忌而已，而是岛上的精神代表，更是生活、文化、历史的一部分。艾莱人虽然不是天天都喝威士忌，但只要是一生中重要的时刻，都少不了艾莱岛威士忌。婴儿出生取完名字后，会在小宝宝的额头上，点上一小滴威士忌祝福他或她。新年时，人们互相道贺，少不了举杯喝艾莱岛威士忌庆祝。不幸有人过世，哀悼时喝的也是艾莱岛威士忌。虽然平常以便宜的啤酒为主要的酒精饮料，但有朋友来访时，艾莱岛人一定会把家里最好的那瓶艾莱岛威士忌拿出来，招待贵客。

"Slaandjivaa!"当艾莱人，甚至苏格兰人举杯时，一定会喊"Slaandjivaa"，这在盖尔语中意为祝身体健康，也有举杯祝贺之意。倒上一杯艾莱岛威士忌，大伙齐声说句"Slaandjivaa"，一切祝福溢于言表。

威士忌是经济效益极高的产业，《孤独星球》(*Lonely Planet*)里就提到，光是艾莱岛上的八个蒸馏厂，每年缴给英国政府的税就高达一亿英镑，金额庞大到光数后面的零都数不清了。我跟岛上居民求证这个惊人的数字，他们承认，虽然没有得到"官方"证实，但听说确实如此。

若以艾莱岛民的人数来算，岛上不分男女，不管是大人还是小孩，平均每个人贡献了三万英镑的税金，真是个会赚钱的小岛。

威士忌业也有"黑手",专业麦芽厂波特
艾伦以泥煤烘干麦芽,提供给艾莱岛上
的蒸馏厂不同烟熏程度的麦芽。麦芽厂
终日运转不断,烟囱永远冒着烟,里头
工作的人们极为辛苦。

岛上工作机会有限

艾莱岛是不折不扣的摇钱树，《孤独星球》里也提到，艾莱人对自己付出那么多，却得不到对等条件的福利，心里有所不平，对政府多少都有些怨言。我问了民宿女主人玛格丽特，她点点头表示认同，"政府对艾莱岛的建设，做得其实不多，岛上有些道路，早就需要维修了，但始终不见有动作"。岛上也只有一所医院，艾莱人除非生的是大病，一般都不太上医院。不过，一旦病情严重，需要转送格拉斯哥的大医院，政府还是会出动直升机的，而且这部分是居民不必付任何费用的。

因为只有一所大学，而且还是专为盖尔文化设立，艾莱岛的年轻人多往苏格兰的两座大城——格拉斯哥和爱丁堡——求学，不少人干脆就留在苏格兰，毕竟小岛的工作机会有限。为了吸引更多年轻人回到故乡工作，布赫拉迪蒸馏厂特别将装瓶作业（bottling）留在艾莱岛上，厂内共有五六十名员工，大部分都是地道的艾莱人，希望借着增加就业机会，让愈来愈多的艾莱岛人能扎根在这座岛屿上。

打鱼、狩猎、畜牧与酿酒

早期艾莱人以渔夫和猎人为主，这样的形态至今并未有太多改变。艾莱岛有肥沃的土地，能够生产大麦供酒厂使用；有广阔的平原、茵茵的绿草，喂养了众多的牛羊群，使岛上畜牧业发达；艾莱岛四周的大海，更为人们提供了来自大自然的生计。艾莱岛供给岛民们养分，人们自给自足，并制造出"生命之

蒸馏厂内的基层员工绝大部分是地道的艾莱岛人。图为嘉年华期间示范制桶过程的师傅。

水"——威士忌，千百年来皆是如此。难怪提起艾莱岛，大家都一脸骄傲，并以身为艾莱岛人为荣。

保龄球俱乐部

在这个悠闲的岛屿，艾莱人也用他们自己的方式生活。周日我们刚逛完蒸馏厂回来，看见下榻的布里金德饭店对面的保龄球场上，有几个人在玩球，好奇凑过去看一看。这是岛上的保龄球俱乐部，几个会员聚在一块打球，只是他们玩的保龄球跟常见的不一样，一个人只有四颗球，两人组成一队，有一白色母球，将球掷向对面，以最靠近母球者赢。通常都是夫妻为一队，老先生、老太太不疾不徐慢慢玩，互相调侃、聊天。他们带着自己的球具，在周日午后，轻松地来段友谊赛，打球时虽随兴，但计较起输赢来可是一点都不含糊，为确定究竟谁的球最靠近母球，老先生还从口袋里掏出尺来，仔细地丈量。

看我们瞧得有趣，一位先生走到旁边，热情地解释游戏规则，知道我们就住在对面的旅馆，他还大方地说，欢迎我们随时到俱乐部里打球，甚至表示，俱乐部里球具一应俱全，要我们不必客气。

艾莱岛生活节奏缓慢，居民夫妇两两成队，悠闲地在午后打着保龄球。

生蚝出了名的好吃

　　他问我们是否去过布赫拉迪蒸馏厂，当天正是布赫拉迪的开放日，我们才刚从那儿回来。他接着问：有没有去生蚝摊排队？艾莱岛的生蚝出了名的好吃，跟威士忌是绝妙的搭档，布赫拉迪的生蚝摊始终大排长龙，得有耐性才尝得到。他骄傲地表示，在生蚝摊上做生意的就是他儿子。这名男士在艾莱岛上有个生蚝农场，几年前从约克（York）搬到岛上经营养殖生蚝的生意。他笑着说，他现在在波摩住的房子，当初就是向布赫拉迪的首席酿酒师吉姆·麦克尤恩买的，因为吉姆要搬到布赫拉迪蒸馏厂里住，所以把波摩的房子卖掉，正好由他接手。

　　在艾莱岛旅行期间，常能感受到当地人的热情。即使是在艾莱岛威士忌嘉年华期间，岛上的东方面孔也不多。知道我们来自台湾之后，在蒸馏厂里，有时人们一见到我们就直接打起招呼来。

一杯啤酒就能在 pub 里打发一个下午，
艾莱人也有乐天知足的一面。（梁岱琦
摄影）

Peat，泥煤或叫泥炭，是岁月和自然的累积。

泥煤是艾莱岛威士忌风味的来源，泥煤值在威士忌里以"酚"值（ppm，parts per million，百万分之一）来量化。以艾莱岛上的威士忌为例，清淡型的布纳哈本基本款约为 2ppm；经典款的雅柏十年介于中间，为 55ppm；泥煤值最强的布赫拉迪奥特摩款，则高达 167ppm。可知泥煤多寡差距十分巨大。

泥煤是没有完全碳化的植物，在苏格兰的沼泽地上，石楠花、苔藓及其他植物经过一次次的成长与死亡，累积沉淀为植被层。丰厚又富含各种微物质的植被层，覆盖在北国的大地上，冬天经过冰封、雪雨，夏季一到，植物又欣欣向荣。生命的轮回在寒带沼泽地，经过百万年的累积和挤压，造就了泥煤这一特殊的地质。

泥煤加海藻的独特风格

苏格兰和艾莱岛鲜有森林，在缺乏木材的情况下，泥煤在干燥后，被当成家庭用的燃料，用来烹饪和取暖。艾莱岛人更用泥煤来烘干大麦，泥煤的烟熏味由此附着在麦芽上，成为艾莱岛威士忌独特的风味。

当然，不只艾莱岛，还有苏格兰其他地区的蒸馏厂，也使用泥煤烘干麦芽，但似乎仍与艾莱岛不一样。因为艾莱岛四面临海，有许多海藻被风吹进泥煤地里，艾莱岛的泥煤被认为多了一层海藻的味道，而且因为几乎全岛都是泥煤地质，就连制造威士忌的水源也流经泥煤层，泥煤就成了造就艾莱岛威士忌独特风味的大功臣。

泥煤不只用于增添威士忌的风味，直至今日，艾莱岛人仍习惯使用泥煤，在 pub 或餐厅的壁炉里，常可见泥煤用文火慢烧着，一般家庭虽不再用泥煤烧饭，但仍将它用作取暖的燃料，满足生活所需。在一大早赶往蒸馏厂的路上，我就看见路旁的泥煤田里，有一对母子正辛苦劳作着。

一块块的泥煤曾是艾莱岛居民赖以维生的燃料。

艾莱岛地质富含泥煤，以致流过的河水都呈深咖啡色。

厚着脸皮下车，道完早安后，我尝试问他们能不能拍照，立刻得到热情的响应。儿子不好意思地说："欢迎！本应该跟你握手，但我的手太脏，实在不好意思。"母子俩放下手上的工作，仔仔细细地为我们讲解挖泥煤的作业。这就是淳朴友善的艾莱岛人。

上天的赐予

艾莱岛人只要交付 35 英镑，就能拥有一亩泥煤田，一年内随便你怎么挖、何时挖、挖多少。对艾莱人来说，泥煤是上天赐予，取之不尽、用之不竭的宝藏。在挖取泥煤时，通常它们会被分成两层，上层腐化植物的堆积时间较短，颜色较浅；下层则经过了较长时间的沉积，颜色较深。用泥煤铲将泥煤一块块挖出后，接下来才是吃力的工程，得将一长条的泥煤砖，整整齐齐叠成井字形。这样的堆叠方式方便泥煤经过日晒和风干，能早些干燥。

踩在泥煤田上有种很奇特的感觉，像走在弹簧床上，泥煤像海绵般吸附了水分和各种植被，地面湿润又有弹性，但得小心鞋子别沾到泥巴。母子俩已叠了好些泥煤，他们表示，希望能一直有好天气，早点将泥煤晒干，如果顺利的话，经过三个月的日晒，等到 8 月就可以用了。

直到现在，每当我手中握着一杯艾莱岛威士忌，陶醉在那久久不散的烟熏泥煤味道中时，总会想起那天的画面：艾莱岛居民弯着腰、沾着泥，一块块辛勤地采收着泥煤。这杯威士忌中浸透着岛民劳动的滋味。

5 月的艾莱岛天气无常，昨日仍有阳光，隔日就刮起风、飘着雨，有时一连几个小时在户外"吹风淋雨"，渴望能躲进屋子里取暖。走进一间寻常的 pub，点一份再家常不过的简单午餐，pub 壁炉里泥煤用文火烧着，看着那徐徐的火光，暖意就进了心里。

含有许多有机质的泥煤砖，在烘干麦芽
时，燃烧的烟雾替麦芽增加了迷人的烟
熏香气。

一对正在挖泥煤的艾莱岛母子，放下手
中工作，热情地向我们解说泥煤的风干
过程。

威士忌和美食　　　>>

从吃早餐这件事，就可以看出民族性。艾莱岛属于苏格兰，来到苏格兰不能不尝尝地道的苏格兰式早餐。苏格兰式的早餐不是给谦谦绅士的，它的分量绝对是为苏格兰勇士准备的。

苏格兰有名的黑布丁

在布里金德饭店的第一个早上，我们就点了苏格兰式早餐，当餐食端上来时，分量简直可以当午、晚餐了：有一整根香肠、两大片培根、煎蛋、西红柿、蘑菇、一大块薯饼，以及苏格兰有名的黑布丁。黑布丁其实就是以牛血或猪血做成的血肠，不过吃起来并没有让人担心的腥味。扎实的蛋白质早餐，我相信是早期务农或渔猎时期留下的传统，为一天的体力劳动做准备。吃了这份早餐，饱足过到中午。

若不想吃这么丰盛，也可试试另一种有"海味"的早餐——烟熏鳕鱼佐荷包蛋（smoked haddock and poached egg）。对海岛地区而言，海鲜一直是优质蛋白质的另一项来源，除了烟熏鲑鱼，也可以试试我们平时很少吃的烟熏鳕鱼。

捡到的房间

布里金德饭店是间小巧典雅的旅馆，拥有悠久的历史。根据旅馆记载，早至1849年就已有了这间旅店，而且还是被一位到艾莱岛度假，下榻在布里金德饭店的旅客买下的。旅馆几经重建、转手，有了现在的模样。大门入口处的前廊虽有些狭小，但旅馆后方有个充满英式风情的庭院，植栽整理得整齐又美丽，天气好时，吃完丰盛的早餐，可以到院子里散散步，享受艾莱岛美好的早晨。

当初可以说是"捡"到布里金德饭店的房间，入住之后，才了解自己究竟有多么幸运。它的地理方位正好在艾莱岛的中央，与岛上的首府波摩相距不远，

布里金德是一间非常小巧又温暖的旅馆。

香肠、培根、煎蛋、西红柿、蘑菇、薯饼及黑布丁，是典型的苏格兰传统早餐。

烟熏鳕鱼配荷包蛋，是少见的"海岛型"早餐。

去往任何一个蒸馏厂，距离都非常适中，离波摩蒸馏厂更是近。在艾莱岛期间，我们就以布里金德饭店为据点，东南西北跑了个遍，偶尔在行程与行程间，或是晚餐空档前，想回去歇息一会，也不是太远。

布里金德饭店跟艾莱岛上大部分旅馆相同，不但是旅客下榻之处，而且拥有质量不错的餐厅，也是当地人想大快朵颐时的选择。布里金德饭店有较正式的餐厅，也有供应简单餐点的 Katie's Bar，酒吧的名称取自一位服务到八十岁才退休的老员工。

勤奋的个性

跟许多偏远的小岛一样，艾莱岛也有人口外流的情形，年轻人多倾向往格拉斯哥、爱丁堡这类大城市发展，愿意留在家乡打拼的毕竟是少数。于是在艾莱岛上常可看到许多白发苍苍的老人仍在工作，就我们的标准而言，早过了退休年纪。我们在佩服他们刻苦、辛勤的性格时，更尊敬这些坚守工作岗位的长者。

不只工作年限很长，在艾莱岛威士忌嘉年华这一年一度的"旺季"中，每个人更要身兼数职。像蒸馏厂的员工，前一刻还在导览，导览结束后，立刻成了咖啡厅的服务生，帮忙煮起咖啡来了。到了晚上，在 Katie's Bar 吃饭时，又见到白天的导览员兼差当起了调酒师。从早拼到晚，艾莱岛人勤奋的个性，给人留下深刻印象。

心目中的第一餐厅

因蒸馏厂而来的观光效益为艾莱岛带来重要的产值，艾莱岛人对观光客一向友善，旅馆更是祭出无微不至的服务。最初为了房间问题，我和旅馆的经理

The Harbour Inn 是米其林指南推荐的用餐地点，晚餐时常一位难求。

萝娜通了多封邮件,办理入住时她没上班,但隔天早上,她一见我就亲切地喊出我的名字,而且每天早上我们离开旅馆时,她也总会问晚上会不会回来吃饭,需不需要帮我们保留位置。

坦白说,这样实在有点压力,好像不回来吃有些不好意思,但我们比较想四处尝尝不同餐厅的滋味,总是回答她,不确定是不是会在旅馆用餐。不过,有一晚,当所有餐厅几乎都客满,我们悻悻然回到旅馆时,萝娜硬是帮我们找出两个人的位置,让我们吃了一顿美味的海鲜大餐。

普遍来说,艾莱岛的餐点有一定的水平,很少吃到难以下咽的。The Harbour Inn 是间四星级的旅馆,它的餐厅已连续三年为米其林指南所推荐,也是艾莱岛上唯一出现在米其林指南里的餐厅,更常在许多优质旅游住宿美食推荐的行列里。虽然我们没吃遍艾莱岛上的所有餐厅,但 The Harbour Inn 无疑是我们心目中艾莱岛餐厅的第一名,从它络绎不绝的饕客来看,很多人都认同这一点。

种类多样的海产

The Harbour Inn 一样有正式的餐厅和轻松的酒吧。它的餐厅在艾莱岛威士忌嘉年华期间,晚餐时段一位难求,我自己跑去订位时,接待的小姐面有难色。但改订午餐就容易多了,对习惯无论何时都穿牛仔裤的我们,午餐也比较没有需穿着正式服装的压力。

艾莱岛有两大必尝的特色美食。一是畜牧业发达,所以牛肉、羊肉甚至鹿肉都可以尝尝;一是种类多样的海产,令人吮指惊艳的海鲜,在艾莱岛期间,光海鲜拼盘我们就吃了好几次。

因为两样都想尝,我们点了一份大的海鲜拼盘,里头有生蚝、小龙虾、扇贝、主厨自制的烟熏鲑鱼、鳕鱼和鲱鱼等六七种海鲜。这样的分量足够两个人吃,不含服务费为 22.95 英镑,这在物价高昂的英国,一点都不算贵。再配上冰凉的白葡萄酒,真是尽兴的一餐。

The Harbour Inn 的 "篷车酒吧"(Schooner Bar)，是品尝艾莱岛威士忌的好地方。旅馆极温暖、舒适，带着点苏格兰风格。餐厅里的招牌海鲜拼盘，一网打尽岛上盛产的各种海鲜。

炖羊腿

另一个也是 The Harbour Inn 的招牌菜——炖羊腿（braised lamb shank）。当硕大的炖羊腿端上来时，我心想：完蛋了，点太多，一定吃不完。果不其然，不管再怎么努力，最后只清光了海鲜。当女服务生收掉残余的羊腿时，我们不好意思地请她转告主厨，餐点很棒，只是我们点太多、吃不下了。

羊腿经过长时间的炖煮，完全没有令人害怕的羊骚味，骨肉一下子就分离，肉质已软嫩至根本不需要刀子，用叉子就可轻易取食。配上红酒酱汁，以及芥末马铃薯泥，只有"美味"二字可形容。为了增加爽脆口感，还佐以紫绿色的花椰菜苗。可惜就是吃不下了。

威士忌配生蚝

除了全以深蓝布置的餐厅，The Harbour Inn 的"篷车酒吧"也很特别。它有用波摩酒桶做成的桌子，我们就在这个特殊的餐桌上，叫了半打生蚝享用。在艾莱岛吃生蚝有个特殊的方式，除了餐厅附上的柠檬和塔巴斯哥辣酱（tabasco），还可以直接淋些艾莱岛的威士忌上去。带些烟熏味的威士忌配上肥美的生蚝，滋味之美妙再次令我词穷。

在 The Harbour Inn，你可以有选 3 个或是 6 个两种选择，6 个生蚝共12.95 英镑，我想应该有很多人想立刻飞到艾莱岛吃上一打吧！

威士忌与干酪

The Harbour Inn 还提供一项威士忌与干酪的特别组合，它以两杯不同蒸馏厂的威士忌，搭配两款不同风味的干酪。波摩 Surf 款威士忌配上坎贝尔镇

细火慢炖、入口即化的羊腿，也是 The Harbour Inn 的招牌菜。

点上半打生蚝配上艾莱岛威士忌，是人生一大享受。

（Campbeltown）出产的干酪，带点淡淡泥煤烟熏及甜味的波摩，与坎贝尔镇经威士忌水洗过的干酪，一起品尝别有风味。十六年的拉加维林则和同样带些咸味的蓝霉干酪，是特别合拍的重口味搭档。我就见到一位老先生，在吃完分量十足的餐点后，还叫上一份这样的威士忌与干酪组合当餐后的点心，真是人生一大享受！

同样位于波摩的 Lochside Hotel，也是艾莱岛上很受欢迎的餐馆，它的用餐气氛相形之下轻松许多。餐厅的一旁就是海边，天气好时，许多游客喜欢端着啤酒到户外晒太阳，大家边吃边聊天，十分热闹。Lochside Hotel 的餐点也很美味，一旁的酒吧拥有三百种左右的单一麦芽威士忌，应该是艾莱岛上藏量最丰富的，如果觉得在蒸馏厂喝不过瘾，还可以来这里好好满足一下。

Lochside Hotel 是岛上另一个热门的用餐地点。酒吧拥有丰富的艾莱岛威士忌酒款。

有趣的圣牛小餐馆

有时在艾莱岛吃饭是件头痛的事，餐厅的数量并不那么多，嘉年华期间常是一位难求，如果没有预订，就只能早点进餐厅抢位置啰！这个时候只想快点填饱肚子，选择手脚利落、动作迅速的圣牛小餐馆（The Holy Coo Bistro）老板娘，就能解决想吃饱不吃巧的问题。

圣牛小餐馆是间有趣的小餐馆。那天中午我们推开门进去时，其实位置早就被预订满了，不过老板娘看着饥肠辘辘的我们，算了一下，离订位客人来的时间还有半小时空档，她指着一张桌子说"没关系，我动作很快，你们半小时内一定吃得完"，就闪身进厨房去忙了，只留下一位老奶奶在外场服务客人。

Coo 就是母牛 Cow 的意思，为什么把餐馆取名叫"圣牛"（The Holy Coo）呢？原来老板娘很喜欢艾莱岛上常见的刘海很长，长得盖住眼睛的高地牛，她不但替自己的餐馆取了个有趣的名字，餐馆内缤纷的布置和招牌上那头可爱的牛，也都出自老板娘之手。我们点了鹿肉做的汉堡，她果然手脚很快，三两下就端出了超大分量的汉堡，我们也在下批客人来之前，顺利用完午餐，饱足地离去。①

---

① 可惜的是，据到访艾莱岛的读者告知，圣牛小餐馆现已倒闭。

圣牛小餐馆的布置全出自老板娘之手，
鲜艳热闹的布饰与墙面，跟老板娘热情
的风格非常一致。

分量十足的鹿肉汉堡是圣牛小餐馆的盛
情餐点。

酒厂嘉年华

深琥珀色的河水、黏密的黑泥煤、亮晃晃的蒸馏厂白墙。

走进散发着温热麦香的工作间，望进硕大的发酵槽，等着转化成威士忌的麦芽酒汁冒着泡。蒸馏器运作着，在酒厂工作了数十年的人们，露出腼腆的微笑，说起威士忌却又有满腹的骄傲与学问。

酒厂外海风咻咻地吹，酒厂内暗黑的酒窖，静谧得像另一个时空。我们走访了八个蒸馏厂再加另一个遗世独立的小岛，每个蒸馏厂都有不同的风貌，就像每瓶威士忌喝来都各有各的滋味。

很细致的泥煤怪兽

雅 柏 >>

Ardbeg

雅柏是个美丽的蒸馏厂，除了耀眼的白墙，还有那深深的"雅柏绿"！

艾莱岛上每个蒸馏厂都有自己的代表色，Ardbeg是有点橄榄绿的"雅柏绿"，从威士忌的外盒包装到厂内的一些门、窗等小地方，都可以看到这样的颜色。还有雅柏的英文名字中，开头的英文字母"A"，是不是觉得不太一样？那可是维京人的牛角。喝了不少雅柏，却迟至踏上蒸馏厂，才发现这点。

狭小的海岬

这是个忙碌的蒸馏厂。雅柏和同位于岛一端的另两个蒸馏厂拉弗格、拉加维林，被公认为分别是海洋、烟熏、碘酒味最重的三个酒厂，是艾莱岛的泥煤"三巨头"。这三个蒸馏厂在威士忌酒友心中，是典型艾莱岛威士忌的代表，有着不可替代的位置。

雅柏是一座很漂亮的蒸馏厂，处处流露着用心经营的痕迹。我们远远就看到它那著名的宝塔式屋顶。很多蒸馏厂都有着这种宝塔式（pagoda）的屋顶，这样的设计对排出熏干麦芽的烟雾很有帮助，所以明明是很东方的造型，却在多数苏格兰蒸馏厂都见得到。

雅柏成立于1815年，"Ardbeg"在盖尔语中是"狭小的海岬"之意，蒸馏厂靠海一方，白色的围墙外，果然有一黑色岩岸聚集成的小海湾。取名为"Ardbeg"，据说就是因为这处小海岬。

曾经面临停产

雅柏是许多艾莱岛威士忌迷们心中的最佳选择，不过，它不是一直都这么风光。这个蒸馏厂在20世纪80年代，曾经一度面临暂停生产的窘境。撰写《威士忌蒸馏圣经》（*Whisky Bible*）的大师吉姆·莫瑞（Jim Murray），曾经来台北

蒸馏厂各处招牌都用上一致的"雅柏绿"。

带领大家一起品酩雅柏，他说，他在 1980 年左右去过艾莱岛，那时艾莱岛威士忌强烈的风味，并不受欢迎，到这个小岛的人，90% 都是去赏鸟和潜水的。艾莱岛威士忌卖得最好的，是没经过泥煤烟熏（unpeaty）的"十年"威士忌，而且常常听说岛上的蒸馏厂因财务困难，撑不下去而关厂。他那时每次去都带两箱"雅柏十年"回来，一箱自己喝，一箱卖给朋友，因为那时只有在雅柏蒸馏厂里才买得到"雅柏十年"。吉姆也只以一瓶十英镑的成本价卖给朋友，"当初那瓶若留到现在，价钱可能已经高达两百英镑了"。

成为 LVMH 集团旗下的一分子

熬过青黄不接的年代，雅柏在 1997 年被格兰杰（没错，就是单一麦芽威士忌厂 Glenmorangie）收购后，渐上轨道，在投入大量资金并有计划地重整后，雅柏焕然一新，成为艾莱岛上耀眼的"明星蒸馏厂"。格兰杰后来又被纳入 LVMH 精品集团，雅柏现也成为跨国财团旗下的一分子。在参观酒厂时，导览的雅柏员工开玩笑说，希望在酒厂工作一段时间后，也能拥有一个 LV 包。

雅柏是许多艾莱岛威士忌迷心中的"泥煤怪

以废弃的橡木桶制成的椅子和雅柏骄傲
的得奖历史。

兽"，能拥有如此丰富的泥煤味，秘密来自它特殊的蒸馏器。

雅柏不是个产量大的蒸馏厂，它只有一对蒸馏器。其中最特别的是，"再次蒸馏器"（spirit still）上，装了个"净化器"（purifier），能够把较厚重的酒气引回蒸馏器，再进行蒸馏。这也是雅柏的味道如此独特、复杂的原因。

我们参观时，导览员还希望大家别随便对着蒸馏器拍照，由这点也看得出来，酒厂对他们的蒸馏器十分珍惜。蒸馏器的形状会影响蒸馏出来的酒的味道，蒸馏器用久、用坏了得换新的，比较迷信的老酒厂人，甚至觉得旧有的蒸馏器上某处有个凹痕，新的也非有不可，免得蒸馏出来的酒味道不同。

雅柏除了标准的年份款，还有两支很特别的酒，一支是名为"Uigeadail"的酒款，另一支则是昵称为"漩涡"的"Corryvreckan"。Uigeadail 取名来自雅柏的水源地——一座就叫 Uigeadail 的湖，它提供了源源不绝的含丰富泥煤质的湖水，供雅柏制造威士忌。虽然每年的批次不同，风味也略有差异，但 Uigeadail 深邃、奔放又细致的泥煤风格，每次都不会令人失望。

Corryvreckan 则是欧洲最大、世界第二的海洋漩涡，它位于艾莱岛邻近的朱拉岛（Jura）的北方，自古就是出了名的恶水。它带着神秘的色彩，却又隐含着不可测的力量，雅柏以它为名的酒款，也带着狂放不羁、复杂而深层的风格。

餐厅品质不输威士忌

虽然雅柏的滋味被形容为有着"野兽般的"泥煤味，实际走一趟酒厂则会发现，现在的雅柏处处透露着一种细致的粗犷。雅柏的旅客服务中心颇具规模，它也是少数拥有餐厅的蒸馏厂，而且餐饮的质量不输威士忌，甚至跟艾莱岛上其他餐厅比起来，都有过之而无不及。

餐厅名称叫 Old Kiln Café，直译就是"老窑咖啡"，位置就在纪念品店的

雅柏蒸馏器多了个净化器（右上），让它的威士忌滋味更细腻、复杂。

旁边，你也绝对不会错过，因为这个餐厅明显也是为络绎不绝的游客而设的。

所谓的 Kiln——"窑"，指的是制作威士忌的原料麦芽发芽后，在开始发酵（fermentation）、蒸馏前，必须先送到窑里头烘烤至干燥。过去多会用艾莱岛上盛产的泥煤来烘干，也是艾莱岛威士忌烟熏风味的来源之一。现在许多蒸馏厂已经不自行"发麦芽"（malting），改向专业的麦芽厂订制麦芽。雅柏转而将废弃不用的老窑改造成干净现代的餐厅，雅柏不只威士忌做得好，餐厅里的菜色也不少，而且滋味真不赖。

参观完酒厂后，已近中午，最后一站当然是到老窑餐厅。我们点了两份餐食，一份是烤鸭腿佐薯泥，另一份则是简单的鸡肉墨西哥卷和沙拉。不是太花哨的菜色，但出乎意料地好吃，两份都不错，而且跟岛上其他餐厅比起来，也不算贵。

老窑餐厅，威士忌入菜

老窑餐厅很有创意，将威士忌入菜，而且还是加在甜点里。以雅柏酒款里泥煤味最轻、口味最淡的酒款"Blasda"制成的 Blasda 蜂蜜奶酪佐综合莓果酱汁，是一道很清爽的甜点，很适合在吃完午餐，喝了厚重的威士忌后，用它舒缓一下味蕾。

毕竟是蒸馏厂里的餐厅，得配合员工的上下班时间，老窑咖啡只营业到下午四点半。好几次想不出该去哪吃饭时，很想再来品尝老窑的餐点，可惜晚上都不营业，只适合在参观完酒厂后，来这儿享受健康美味的午餐。

导览员解说麦芽的磨制过程。

雅柏酒款一字排开，许多都是威士忌迷们的心头爱。

相关信息

雅柏官方网站

http://www.ardbeg.com

★参观行程（信息时有变动，请以官方网站为准）

http://www.ardbeg.com/ardbeg/distillery/tours

雅柏品酩行（Ardbeg Tour & Tasting）

1 月至 3 月，周一至周五 12: 00 及 15: 30

4 月至复活节，周一至周六 12: 00 及 15: 30

复活节至 9 月，周一至周日 12: 00 及 15: 30

10 月，周一至周六 12: 00 及 15: 30

11 月至 12 月，周一至周五 12: 00 及 15: 30

每人 5 英镑

雅柏全方位品酩行（Ardbeg Full Range Tour & Tasting）

1 月至 3 月，周一至周五 10: 30

4 月至复活节，周一至周六 10: 30

复活节至 9 月，周一至周日 10: 30

10 月，周一至周六 10: 30

11 月至 12 月，周一至周五 10: 30

每人 10 英镑

跨越雅柏年代（Ardbeg Across The Decades）

4 月至 10 月，周一至周五 14: 00

每人 35 英镑

解构威士忌（Deconstructing The Dram）

4 月至 10 月，周一、周三、周五 14: 00

每人 35 英镑

老窑餐厅深受酒客的喜爱，墙上就挂着
描绘雅柏蒸馏厂的画作。

传说中的 No.1 酒窖

波摩 >>

Bowmore

站在波摩酒厂里，倚着落地窗往外看，外头是汹涌的白浪，拍打着岸边。相形之下，波摩旅客中心二楼的酒吧里，静谧得像是另一个天地。

理想的入门款

波摩是我喝的第一款艾莱岛威士忌，它引领我进入艾莱岛威士忌的世界。酒厂位于岛的中央，同样，波摩的滋味在八款艾莱岛威士忌里，也较中庸，不像雅柏或是拉弗格有太过强烈的碘酒、消毒药水味，常让还喝不惯艾莱岛威士忌的人，闻了就害怕。波摩有着细致的烟熏味，带有艾莱岛的特色，却又不至令人难以接受，是很适合当入门款的艾莱岛威士忌。

艾莱岛的蒸馏厂多位于海边，常顶天立地般昂然迎向大海。虽然也是紧临海岸，但波摩不像其他的蒸馏厂，而是隐居在波摩小镇的一隅，像个小聚落似的，静静地伫立在海岸的一角。

启程前，我在网站上预订了酒厂的工匠之旅（craftsman's tour）。这是个很棒的私人导览行程，没有其他游客，可算是一对一的导览。我曾短暂下榻的民宿的女主人得知我订了这个行程，也大力赞赏这是个很优质的酒厂之旅。

被日本三得利集团买下

盖尔语中，"Bowmore"意指黑色的岩石，它也是艾莱岛上最古老的酒厂。波摩蒸馏厂成立于 1779 年，但在 1994 年被日本的三得利（Suntory）集团买下。令我惊讶的是，除了我们一坐下，年轻女导览员琳达递上的是酒厂日文简介外，一路参观，几乎发觉不到日商对这个蒸馏厂的影响。

波摩蒸馏厂紧邻大海，经年受海风吹拂，吸收海洋的精华。

一整面墙都是波摩光辉的过往，值得驻足细细观览。

建厂两百多年后，波摩依旧坚持着传统又美好的制酒技术，是个非常古典的酒厂。这里虽然不是艾莱岛上最耀眼的那颗星星，却暖暖含光般，静静地闪耀着属于自己的光芒。

期待已久的参观行程，是从两杯波摩威士忌开始的，在二楼的旅客中心浅尝了波摩的滋味后，首先见面的就是用来制造威士忌的小小麦芽们。

地板发芽传统的酒厂

现仍存有地板发芽传统的酒厂已经不多，艾莱岛仅剩两间蒸馏厂维持此传统，波摩是其中之一，另一间则是拉弗格。弯身从地上捡起一粒麦子，已经有一点点芽头冒出来，导览员琳达解释，这些麦芽们已经就绪，准备被送进窑里烘干了。地板上铺成一片的麦芽，需要四小时翻一次。波摩酒厂里共有四位翻麦人，一天共分成三班，早上六点到下午两点、下午两点到晚上十点、晚上十点到隔天早上六点，确保一天二十四小时，麦芽们都有人照料。看来制作威士忌是件十分吃力的工作，第一步就不简单。

麦芽们在地板上好好成长约七十小时后，就准备被送进烘干的窑里。高耸的烘麦窑一共有三层，最底层燃烧着泥煤，也是波摩威士忌烟熏风味的来

烘干窑的最顶层，已铺满正受着泥煤熏陶的麦芽。

源，酒厂先用干燥的泥煤点火，之后再用仍带水分的未干泥煤制造烟雾。窑的中层是热气集中层，最顶层放置的则是等着被烘干进化的麦芽。

幸运的是，参观的这天，窑顶层正铺满了等着被烘干的麦芽。更幸运的是，我们居然可以大摇大摆地走进去，直接踩在麦芽的上头。喝了那么多的单一麦芽威士忌，从没有过这样的机会。带着雀跃的心情走进去，隐约感觉脚底有股热气，麦芽们正安安静静地受着泥煤的"熏"陶。

麦芽必须历经15个小时的烟熏过程，来增加它的泥煤风味，接着再进行45个小时的烘干过程，共60个小时，这时才能移往糖化槽（mash tun）中，并加入温水，不停地搅拌，让麦芽的淀粉转化为糖。

古典美丽的黄铜糖化槽

波摩的水源来自拉根河（Laggan River），距离酒厂有7.5英里，不算短，制作波摩威士忌的水，可是经历了一段长途旅行才到酒厂。因为沿路流经的都是泥煤层的地质，河水的颜色偏深，带有一点淡淡的咖啡色，从而沿途土地的精华也都融入了深深的河水中。

波摩的制酒过程里，许多工序始终不变，当多数酒厂早已把糖化槽换成现代又有效率的不锈钢槽时，波摩仍旧使用古典又美丽的黄铜糖化槽。

接着进入发酵的过程，波摩的发酵槽（wash back）是由奥勒冈松制成的，一样也是年代久远。加入酵母后，糖被转化成了酒精，随着发酵时间的不同，每个发酵桶里的"风景"也不一样。年轻的酵母活力旺盛，在没有任何外力的情况下，桶里的麦芽原液不停地流动，甚至不停地冒泡，闻起来有淡淡的啤酒和面包香。琳达笑笑说，这是"威士忌啤酒"（whisky beer）。问她尝起来味道如何，她大笑表示，就像温的、有烟熏味、酸掉的啤酒，实在是不怎么好喝。

波摩仍坚持使用木桶来发酵。

蒸馏师控制威士忌的蒸馏过程。刚蒸馏出来的新酒，透明无色。

经过将近 20 个小时的发酵过程，酵母的活性减弱，槽里也渐渐没了动静。这时已能闻到酒精味，麦芽发酵液约有 8% 的酒精浓度，喝多了，也是会醉的。

蒸馏是从威士忌"啤酒"进化到威士忌的重要过程。波摩蒸馏室里有两对共四个蒸馏器，苏格兰威士忌多数都是二次蒸馏，三次蒸馏则是邻近的爱尔兰威士忌的特色。

在波摩酒厂里，第一次蒸馏出来的酒，大约只有 22% 的酒精浓度，里头含有其他杂质，是还没有准备好的酒体；第二次蒸馏后，取得更纯净的蒸馏酒，这时酒精浓度高达 70%。

滴酒不沾的蒸馏师

我们在蒸馏室里遇到了威利。威利是波摩的蒸馏师，已经在酒厂里工作了 46 年。他操着浓重的口音，指着分酒器下写着的大大的两个字 Uisge Beatha，向我们介绍，这正是盖尔语"生命之水"的意思。琳达透露，威利曾善尽职责每天都要喝三杯蒸馏出来的新酒，后来有一天他决定不再喝了，从此滴酒不沾。我们能够喝到口味如此细致的波摩，还真要感谢威利的牺牲奉献。

导览员琳达用移液管（valinch），自橡木
桶取出原酒品尝。

酿酒是个神秘的工作，蒸馏后的威士忌新酒，充其量只是带有浓浓酒精的液体，风味不佳，等到放入橡木桶后，桶中的味道与时间交互作用，才酝酿出令人倾倒的威士忌佳酿。"熟成"（maturation）是个迷人的过程，只是现在很多酒厂的熟成酒窖，虽名为酒窖，但外观都是冷冰冰的建筑，有些甚至长得像铁皮屋般，里头则靠现代科技严格控制着温度和湿度。虽然对威士忌的制造过程和量产有更大的帮助，但实际参观时，总觉得少了些什么。

苏格兰最老的酒窖

波摩不同，它有个传说中的 No.1 Vaults 酒窖。

这可能是苏格兰最古老的一个酒窖，当在强风吹袭下，人们仓皇地"躲"进 No.1 Vaults 时，像是进入了另一个世界，时间仿佛静止了，只有无数个威士忌酒桶在这里静静地沉睡着。这个从波摩成立使用至今的酒窖，不依靠任何科技，终年能维持 17℃，潮湿、凉爽、阴暗，是威士忌最佳的熟成仓库。

酒窖的墙外就是大海，风浪大的时候，海浪就直接扑打在酒窖的外墙上。两百多年来，这面颜色已成暗黑的墙面，一面渗透进海潮的气息，一面吸收着橡木桶释放出的"天使的份额"（angels' share）。导览员琳达还说，这道被波摩威士忌酒精及艾莱岛海洋所喂养的墙面，有时会长出蘑菇来，可惜我们去的季节不对，没见到这个"波摩"品种的威士忌蘑菇。

日本橡木桶将与波摩威士忌结合

进到这个传奇的酒窖，怎么能不试试波摩的滋味！现场准备了两款原酒，

波摩酒窖静谧得像另一个世界，右边黑乌乌的墙外就是大海。

品尝各式波摩酒款，也是参观蒸馏厂的重点。

一款是 2000 年的波本桶（Barrel），另一款是 1995 年的雪莉桶（Sherry 或 Butt）。波本桶的颜色很淡，有香草味；雪莉桶则像巧克力般深色，风味较丰富，带着点太妃糖的香气，好喝到真想装些带走。

离开酒窖前，意外看到了几个长得不太一样的橡木桶，上头写着 Mizunara Oak。原来这是同属三得利集团的山崎酒厂（Yamazaki）的水楢橡木桶（Mizunara Oak）。山崎酒厂在 1984 年推出日本第一支单一麦芽威士忌；曾在二十五周年时，推出的"山崎1984"纪念款，就是以山崎酒厂特有的水楢橡木桶原酒为主调和而成的。现在这个日本水楢桶漂洋过海来到了艾莱岛，琳达解释，这还只是个"实验"，希望这个实验能成功。日本橡木桶跟艾莱波摩威士忌的结合，会是什么样的风味？真是令人期待。

相关信息

波摩官方网站

http://www.bowmore.com/

★参观行程（信息时有变动，以官方网站为准）

http://www.bowmore.com/visit-us/

波摩酒厂导览（Distillery Tour）

10 月至 3 月，周一至周五 10：30、15：00，周六 10：00

4 月至 9 月，周一至周六 10：00、11：00、14：00、15：00，周日 13：00、14：00

10 月至 3 月，周一至周五 10：30、15：00，周六 9：30

每人 6 英镑

波摩品酒会（Bowmore Tasting Session）

周一至周五 12：00—15：00

每人 18 英镑

工匠之旅（Craftsman's Tour）

周一至周四（需事先预订）

每人 50 英镑

波摩橡木桶塞也是酒厂中买得到的纪念品。

1957 年佳酿，珍藏在波摩蒸馏厂中。

正露丸风味的蒸馏厂
拉弗格 >>
Laphroaig

威士忌，生命之水！让我们追溯至它的根源，也许举杯喝一口那日后将酿为威士忌的水。

消毒药水的呛鼻味

拉弗格是艾莱岛另一款风格强烈的酒，不熟悉它的人或许会被它带有的正露丸、消毒药水、碘酒的呛鼻味道吓到，转头对艾莱岛威士忌说 No。不过，也有被它的滋味征服，陷入强烈、复杂的拉弗格风格，从此无法自拔的人。

不是爱它就是敬而远之，拉弗格没有中间值，每个酒款都是扎扎实实的泥煤风格，它是最能代表艾莱岛产区风格的蒸馏厂之一。拉弗格对自身的成绩也极为骄傲，蒸馏厂旅客服务中心的一角大大方方地写着"拉弗格是世界最棒的艾莱岛麦芽威士忌"（The World's No.1 Islay Malt Whiskey），这样的自信显示在每瓶拉弗格威士忌里。

拉弗格蒸馏厂于 1815 年，由约翰斯顿（Johnston）兄弟成立。它也经历过私酿酒时期。它早期最著名的事件，是创始人之一唐纳德·约翰斯顿（Donald Johnston）跌落于酒槽里，不幸丧命。20 世纪 20 年代美国颁布禁酒令，对苏格兰威士忌是一大打击，拉弗格竟以它的威士忌具有医疗效果为由，获准进入美国市场。当时把关的美国官员不知是否被它浓浓的消毒药水味骗到而信以为真，这也成为拉弗格流传的轶事之一。

蒸馏厂几经转手，在 20 世纪 50—60 年代由贝西·威廉森女士（Bessie Williamson）担任蒸馏厂厂长，这位贝西女士为蒸馏厂建立了许多良好的制度，包括保留地板发芽等传统，带领拉弗格成为独树一帜的蒸馏厂。至今在谈论到艾莱岛威士忌的历史时，她的事迹仍常被人津津乐道。

拉弗格蒸馏厂，另一个艾莱岛酒迷必到的朝圣之地。

拉弗格对自己的品质深有信心，将"No.1"大大地写在墙上。

LAPHROAIG®

The World's No 1 Islay Malt Whisky

...DISTILLERY HAS PASSED FROM FAMILY TO FAMILY AND FROM OWNER TO EMPLOYEE. EACH OWNER MADE THEIR MARK ON LAPHROAIG...
...AND BESSIE WILLIAMSON, THESE CHARACTERS HAVE A SPECIAL PLACE IN OUR HISTORY, THEY EACH PLAYED A PART IN MAKING LAPHROAIG...
...NOT DONE IT WITHOUT THE GENERATIONS OF WORKERS WHO HAVE LIVED AND BREATHED LAPHROAIG AND MADE IT THE WORLD'S NUMBER...

Toilets

拉弗格为维护蒸馏厂的风格，对威士忌的制造过程小心翼翼，不只拥有自己的水源，还建立水坝保护水源地，同时也有一块蒸馏厂专属的泥煤田。在复杂的风味下，拉弗格有着自己的坚持。

一直以来，拉弗格十年始终是蒸馏厂最受欢迎的标准酒款。不过，拉弗格另有十年的桶装原酒 Cask Stregh，自橡木桶取出原酒，在不经冷凝过滤的情况下直接装瓶，完整封存了拉弗格原始、厚重的泥煤和海洋风格。

另一款，四分之一小桶 Quarter Cask 酒款，则是我最钟爱的拉弗格酒。它先经美国波本桶熟成后，再移至四分之一桶。四分之一桶，顾名思义，它的体积只有一般波本橡木桶的四分之一大。因为桶子体积小，容量也少，酒液跟橡木桶接触面积更多，橡木桶的味道能更快地融入酒液中，能为酒液增添更多风味，熟成速度也更快。Quarter Cask 除了拉弗格招牌的厚重烟熏感，更多了些甘甜的尾韵，这也是我喜欢它的原因。

死忠粉丝查尔斯王子

拉弗格吸引了许多死忠粉丝，很多人一喝就爱上它，包括英国查尔斯王子（现为威尔士亲王）。他到过蒸馏厂两次，第一次是在 1994 年 6 月 29 日，他正式将代表自己的皇室纹章授予拉弗格，拉弗格也是唯一有此荣耀的威士忌蒸馏厂。查尔斯王子有多爱拉弗格？ 14 年后，2008 年 6 月 4 日，他在自己六十岁大寿的活动里，再度来到拉弗格，还带着卡米拉同行。有了皇室的加持，拉弗格更显尊贵了。

拉弗格是查尔斯王子的心头爱，墙上挂着他造访时留下的影像；查尔斯王子特别授予拉弗格专属的皇室纹章；他和卡米拉都曾到过拉弗格。

拉弗格蒸馏厂经理约翰·坎贝尔。

水质不同，特色就不同

前往拉弗格的 A846 道路，因为同方向还有拉加维林和雅柏这两个蒸馏厂，在艾莱岛旅行的过程中，同一条路来来回回不知走过多少次了，但到了去拉弗格这天，我们还是特别兴奋，因为行前先预约了"威士忌水源之旅"（Water To Whisky Experience），网站上介绍这个参观行程会从威士忌的源头——水源地开始，一路介绍威士忌的诞生过程，甚至还会去挖泥煤。虽然费用并不低，但我们还是狠下心来预订，事后证明，威士忌水源之旅是一趟物超所值的行程。

老天爷给了个好天气，尽管风吹来还是冷，但阳光很赏脸，始终暖暖地照着，所以当我们一行人从拉弗格蒸馏厂坐着旅行车出发时，心情还蛮像要去郊游的。

同行的还有一样订了这套行程的另外三个人，迈尔斯从加拿大来，他的太太和好友帕特里克则从佛罗里达飞来，三人两地加上我们，世界的距离顿时缩小许多。负责为我们导览的是位年轻的小姐，她开车载着我们，离开拉弗格蒸馏厂，往水源地前进。

水是威士忌制成过程里极重要的元素。每个蒸

拉弗格的水源地，基尔布莱德河上游，
景色如画。

馏厂都有自己专属的水源，虽然制造过程雷同，但一开始水质不同，无论酒厂距离有多近，每家做出来的威士忌特色就不同。拉弗格的水源取自基尔布莱德河（Kilbride），为了保护自家的水源，蒸馏厂把河上游的地都买了下来，还造了个水坝，入口也扎扎实实做了道门。不过，拦不住进来吃草的牛和羊，导览员也透露附近的农民会将羊和牛放牧在这里，蒸馏厂并不会阻止。

仿佛知道我们是初访拉弗格水源地，老天爷给了个很棒的天气。天空的云彩动人，如茵的绿草点缀着鲜黄的金雀花丛，一潭清澈的静水从高处往下倾泻，我们忍不住赞叹，用这样美丽的水酿出的威士忌，怎么会不好喝。

水坝拦着一潭的水，水坝的下方有桌子和椅子，一行人就在这里吃午餐。一路上，导览小姐都提着一个看似颇重的保温袋，原来里头装的都是我们的午餐。这也是威士忌水源之旅的迷人之处，在拉弗格的水源地野餐，多么吸引人啊！虽然是荒郊野地，没办法吃什么大菜，但事先预备的餐点并不差，有牛肉、鲑鱼和烟熏鹿肉三种不同口味的卷饼，保温壶里有热汤和咖啡，甚至还有甜点与干酪，当然少不了拉弗格。

喜欢日本威士忌吗？

导览小姐从背包里拎出一瓶"拉弗格十年"，瓶身上清楚地载明，这是2月13日装瓶，源自5号桶，酒精浓度高达57.2%的桶装原酒，这就是我们午餐的餐酒。这是一款酒体十分扎实的拉弗格，乍闻之下，它有着典型的拉弗格风格，强烈的烟熏、药水、海藻味，尾韵却带点甜。

有此美酒当前，没有人会客气，大家接二连三把杯子递上去，还有什么比在制造威士忌的水源旁，来上一杯拉弗格更有意义呢？每个人都分到了一个威

一杯取自于拉弗格蒸馏厂水源地的水。

除了自有的水源，拉弗格也有自己的泥煤田，是少数拥有专属泥煤田的蒸馏厂。

士忌杯，杯子里不只装了威士忌，也装了基尔布莱德河河水。大伙仔细看着这些酿造拉弗格的河水，因为流经泥煤层，水色不那么透明纯净，是淡淡的咖啡色。

天气正好，大伙就着阳光和威士忌聊了起来。也许看我们是东方面孔，同团的酒客们主动问起我们是否喜欢日本威士忌。他们称赞山崎是好酒，我也觉得山崎不错，但更爱余市（Yoichi）。一听到余市，从佛罗里达飞来的两人异口同声地称赞，大家七嘴八舌地讨论起来，拥有共同的话题，距离一下就拉近了。

在艾莱岛大自然的环绕下，用完美味的午餐，一行人转移阵地，坐着车往机场的方向移动，拉弗格自家的泥煤田就位于机场附近。

下场体验挖泥煤

泥煤是艾莱岛威士忌独特风味的重要元素，尤其拉弗格的泥煤风味之重在艾莱岛也算数一数二。能够走一趟造就拉弗格烟熏特色的泥煤地，想来就令人兴奋。

出发前，大家就已在蒸馏厂里选了合适尺寸的塑料长靴，为的就是要"涉入"泥煤田，亲手体验挖泥煤的乐趣。不过，真的进入了拉弗格自有的泥煤田后，发现它其实没有想象中泥泞。我们本担心积蕴了各式植物、矿物，富含有机生命的土地，可能会如同沼泽般，实际走上去，地面只是略微湿润，没有想象中的烂泥。不过踩在上头，感觉像是踩着还未成形的土地，泥煤地像海绵般吸收了大地的精华，很有弹性，有点像走在弹簧床上。

导览员简单地示范了该如何挖泥煤后，每个人都下场亲自体验。挖泥煤有专用的铲子，铲子最前端已设计成一长条状，基本上只要以正确的角度将泥煤铲插入，就能得到一块长形方正的泥煤砖了。坦白说，泥煤层松软，将铲子插

在泥煤田里，喝上一口重泥煤风味的拉弗格，真是艾莱岛之旅的经典。

下并不困难，较难的是要用点力气，才能将泥煤砖"完好无缺"地移到地面上。

唯一手切泥煤的蒸馏厂

拉弗格是艾莱岛上唯一全部使用"手切"泥煤的蒸馏厂，同是泥煤，手工挖和机器挖的使用起来略有不同。机器所采的泥煤比较干燥，相形之下，手切的泥煤较为湿润，使用起来烟雾重，烟熏味也更浓，这也是拉弗格泥煤味特别丰富的原因之一。

在拉弗格的泥煤田里，当然也要品尝一下威士忌，这次从导览员小姐的包里拿出来的是 Triple Wood。这款 Triple Wood 经历了三段过程：先在波本桶里熟成，接着移到四分之一小桶，最后再过雪莉桶。由于总共经过三种不同的橡木桶，在过桶熟成时增加了层次，所以叫"Triple Wood"，最后以非冷凝过滤的方式装瓶。

Triple Wood 较 Quarter Cask 多了一道程序——最后经过雪莉酒桶，较Quarter Cask 多了些雪莉桶的甜。但两者都用非冷凝过滤，酒精浓度都设定在48%。

站在空旷的泥煤田，风阵阵吹来，即使太阳仍在，还是有点寒意，原本已经脱掉的外套，现在全部都穿上了。这时能有一杯拉弗格 Triple Wood 喝，真是一大享受，动手挖泥煤前，先来上一杯再说吧！

户外行程结束，回到蒸馏厂里。拉弗格和波摩一样，是少数仍维持地板发芽传统的蒸馏厂，翻麦师不在，只好由导览小姐做个样子。她在介绍糖化（mashing）和发酵过程时，从发酵槽里取了些酒汁，特别让大家试一试，可惜喝起来像烟熏口味的啤酒，实在不怎么可口，每个人都浅尝一点，就把剩余的酒汁倒了。

品尝拉弗格的原酒

"好酒沉瓮底"，整个导览最令人期待的，就是品尝拉弗格的原酒。我们进

已经略微发芽的麦子，准备进烘干窑了。

地板发芽耗时又费力，艾莱岛只剩拉弗格和波摩两家蒸馏厂仍坚持此传统。

一字排开的蒸馏器，十分壮观。

到拉弗格的熟成库房里，有三桶原酒已躺在地上等着，各为酒桶编号129的2005年款、酒桶编号3798的2002年款、酒桶编号635的1998年款。这三桶原酒，昨天才刚从熟成仓库中搬出来，要喝得先把桶塞取下。出乎意料，橡木桶塞可不是用拔的，得用木槌敲塞子旁，利用木桶的震动将桶塞震上来。

"虎视眈眈"不是太好的形容词，不过，我真的很想赶快喝到这三桶原酒。按照先后顺序，当然先从年轻的2005年款开始喝起。2005年款是八年的原酒（以当年为2013年算），强劲而年轻，艾莱泥煤味扑鼻而来，还有着波本桶特有的香草味（Vanilla），酒精浓度为58.8%。2002年款则充满拉弗格的风格，非常有"药水味"。十一年正是威士忌逐渐成熟之际，也逐渐达到适饮的时间，这款2002年尾韵也带些拉弗格特有的"咸味"，酒精浓度为58.2%。1998年这支十五年的原酒，则融入了更多复杂的香气，有香草、黑胡椒、拉弗格著名的烟熏味，也显得更柔和，最后带一点甘草味，是三支原酒里我最喜爱的一款。因为陈年十五载，虽是桶装原酒，酒精浓度已随着年份的增加，递减至53.4%。

珍贵的纪念礼物

拉弗格送给每个参加威士忌水源之旅的酒客们一项珍贵的纪念礼物：在尝完原酒后，可以挑选一款最喜欢的，装在特制的小瓶子里，带回家继续回味。虽然容量并不大，只是一小瓶原酒，但能够亲手从橡木桶里把酒取出，亲手写上装瓶日期、桶的编号，这些都是难得的体验。担心原酒在橡木桶里待久后有杂质，拉弗格还准备了滤纸，从桶中取出酒后，先以滤纸和漏斗在量杯里滤去杂质，再装入小瓶中。拉弗格也详细记录了每一桶原酒装瓶者的名字、国籍，最后把这瓶手工装瓶的拉弗格和品饮杯，慎重地以礼盒装起，就成了这趟拉弗格威士忌水源之旅美好又珍贵的有形纪念。

等着被装满新酒的橡木桶。

拉弗格的酒窖有浓浓的历史感。

相关信息

拉弗格官方网站

http://www.laphroaig.com/

★参观行程（信息时有变动，以官方网站为准）

http://www.laphroaig.com/distillery/visiting.aspx

拉弗格酒厂导览（Distillery Tour）

1 月至 2 月，周一至周五 11: 30、14: 00

3 月至 10 月，周一至周五 10: 30、14: 00、15: 30

11 月至 12 月，周一至周日 10: 00、14: 00

每人 6 英镑

拉弗格风味之旅（Flavour Tasting）

3 月至 10 月，周一至周日 11: 45

11 月至 12 月，周一至周五 11: 45

每人 14 英镑

品酩之旅（Premium Tasting）

3 月至 12 月，周一至周日 15: 15

1 月至 2 月，周一至周五 15: 15

每人 25 英镑

威士忌蒸馏之旅（Distillers Wares）

3 月至 12 月，周一至周日 10: 00

1 月至 2 月，周一至周五 10: 00

每人 52 英镑

威士忌水源之旅（Water To Whisky Experience）

3 月至 9 月，周一至周五 12: 00

每人 82 英镑

参加"威士忌水源之旅",最后可挑选一
款最爱的原酒,亲手装瓶带回家。

坚忍掌舵的老船长

布纳哈本 >>

Bunnahabhain

布纳哈本是艾莱岛最北边的蒸馏厂，它位于一个遗世独立的角落，只有一条曲折蜿蜒的道路能抵达。蒸馏厂的酒标是个遥望远方、坚忍掌舵的老船长；布纳哈本也像个坚守岗位的船长般，多年来，始终据守在艾莱岛北方的海湾旁。

亮闪闪的金雀花

那天真的是一路顶着风前进，偏偏选在天气最不好的一天探访最遥远的蒸馏厂，一路上风又大又冷，忽晴忽雨，沿途罕见人烟，车子一会儿爬坡一会儿下坡，心里也跟着忐忑不安，老想着到了没，会不会错过。直到在弯曲的小路旁见到熟悉的橡木桶，上头写着还有二分之一英里就到布纳哈本，一颗心才定下来。

其实是先看到朱拉岛的，在一个转弯后，路旁满满是黄色的金雀花，远远看见有些荒凉的朱拉岛，然后才见到灰色的建筑群，布纳哈本到了。刚刚还一片阴霾的天空，此时突然放晴，阳光照射在金雀花上，亮闪闪的。

不像其他蒸馏厂总是光鲜亮丽地迎接着远道而来的客人，布纳哈本外表像是工厂，建筑外观灰扑扑的，在这个多风的日子，感觉有些凄凉。我本以为这里路途遥远，威士忌嘉年华又还没开始，观光客应该不多，想着只要在参观行程开始前到就可以了，谁知一踏进访客中心，整屋满满都是人，我们像是不速之客般，挤不进早就预约额满的参观行程里。幸好两个钟头后，还有另一梯次，导览小姐指示我们到厂区二楼的办公室里登记，这次乖乖地照办。

推开斑驳的木门，走进二楼，只有一间办公室大门敞开，里头有个人埋首讲电话，用手势请我们等一等，这个人就是酒厂的灵魂人物，经理安德鲁·布朗（Andrew Brown）。登记好我们的名字，离下一次导览还有两个钟头，他二话不说，拿钥匙打开商店接待区的大门，马上就倒了杯布纳哈本，让我们祛祛寒。不过，祛寒是我自己的感受，这样的天气对艾莱岛人来说，应该早就见怪不怪了。

在前往布纳哈本的沿途，可见到用橡木桶做成的路标。

布纳哈本的招牌高踞在岩石上。

非冷凝过滤

安德鲁先倒了标准的"布纳哈本十二年",从基本款开始。"布纳哈本十二年"是蒸馏厂的入门酒款,很多人是从村上春树的书里认识这支酒的。村上春树也来过艾莱岛,在由他写作、其夫人摄影的《如果我们的语言是威士忌》一书里,他这样形容:"纤细指尖滑过黯淡光线缝隙所到达的,彼得塞尔金的郭德堡变奏曲,那样宁静安详的良宵,一个人静静的,会想喝飘着淡淡花束香气的布奈哈文。"专译村上著作的赖明珠女士笔下的"布奈哈文"就是布纳哈本。

不少人受了村上文字的吸引,也想体会书中那"飘着淡淡花束香气"的威士忌,不过那时村上春树喝的布纳哈本,跟现在的布纳哈本,已不是同一款了。因为布纳哈本在 2011 年将旗下所有的威士忌酒款,全部改为非冷凝过滤(non chill-filtered),村上春树当年喝的是冷凝过滤款,两者风味已略有差异。

过去为了让卖相好看,一般威士忌都是"冷凝过滤"(chill-filter)。因为若遇到 4℃ 以下的低温,酒液会因其中的酯类凝固,而产生雾状混浊,偏偏很多人喝威士忌习惯加冰块,为了让酒色不因加了冰块后降温而变化,蒸馏厂在装瓶前,会将酒降温到 4℃ 以下,过滤掉会产生凝结的杂质,此即冷凝过滤。只是在酒质变清澈的同时,也滤掉了许多构成威士忌风味的元素。

近年多倡导保持酒的"原味",因此有愈来愈多的蒸馏厂采用非冷凝过滤,忠实保留威士忌的所有风味。"非冷凝过滤"已成为威士忌的"主流"。

布纳哈本的所有酒款都采用非冷凝过滤后,十二年款的酒精浓度从过去冷凝过滤的 40%,增加为 46%。两者有没有差异?到底是冷凝过滤好,还是非冷凝过滤佳?答案恐怕每个人都不同。

海边放着弃置的布纳哈本橡木桶,隔着艾莱海峡,与另一端的朱拉岛遥遥相望。

蒸馏厂外堆满了橡木桶。

重泥煤 Toiteach

布纳哈本一向是艾莱岛泥煤味较淡的威士忌的代表。蒸馏厂的水源来自马加岱尔河（Margadale），因未流经泥煤层，让布纳哈本先天体质不同，因而出产的是艾莱岛上"轻泥煤型"的威士忌。

不过，它可不是只有一种风格，喝完十二年款，安德鲁接着让我们尝尝没试过的 Toiteach。

Toiteach 这个词在盖尔语中是烟熏味（smoky）的意思，顾名思义，是款重泥煤的酒。安德鲁解释，标准款十二年的泥煤值含量只有 1ppm，Toiteach则高达 20ppm，是布纳哈本少见的泥煤味较重的酒款。

刚开始，杯子里的 Toiteach 有明显的烟熏风味，但喝了一口后，泥煤味并不如预期的重，反而有股雪莉桶惯有的甜，夹杂些胡椒味，是款很特殊的布纳哈本。

正当我们埋首品尝布纳哈本时，一对看来是常客的夫妻，熟门熟路地自己进来，亲切地跟安德鲁打招呼，还主动透露，到 2013 年 12 月，安德鲁就已在布纳哈本工作满 25 年了，他有些不好意思地笑了笑。知道我们是从哪里来的后，安德鲁还特别往口袋里翻了一翻，找出一张中文名片，告诉我们上周才有几个台湾的公司代表也到蒸馏厂来了。

以蒸馏厂为家

布纳哈本是个不停歇的蒸馏厂，到处都是轰隆隆的声响，加上外头强大的风声，每个人都扯着嗓子讲话。不只有着艾莱岛上最大的糖化槽，布纳哈本的蒸馏器也是很别致的洋葱形。留着个性胡子、手上有着酷酷刺青的蒸馏师罗宾（Robin），转眼已经在布纳哈本工作了 37 年（至 2013 年），他在酒厂的日子，比一些人的一辈子还长。

气候不佳，布纳哈本给人的感觉特别萧瑟。

酒迷心中的梦幻逸品，四十年的布纳哈本。

酒厂经理安德鲁亲自介绍布纳哈本威士忌。

威士忌是艾莱岛的命脉产业，我们屡屡遇到一辈子以蒸馏厂为家的艾莱人。他们可能只做过这一个工作，从年轻时进蒸馏厂，经历过不同的职位，跟着酒厂的品牌一起成长，一起体会艾莱岛威士忌的光荣与兴衰。威士忌是"生命之水"，对这些与蒸馏厂共存共生的艾莱人而言，"生命之水"应该有更深一层的意义。他们投注毕生心血，成就了代表艾莱岛的产业，难怪一讲起艾莱岛威士忌，这些 Ileachs（艾莱人），脸上就有藏不住的骄傲。

　　二楼办公室和接待处的入口，木门窗玻璃上写着"1881"，这正是布纳哈本成立的那一年。当初特别选在水源玛加岱尔河口附近建厂，在盖尔语中，"Bunnahabhain"即河口之意。

血统纯正的艾莱岛混合麦芽威士忌

　　布纳哈本是艾莱岛上另一个坚持传统的蒸馏厂，看不到太多现代化的痕迹，多年来，兀立在北方的海湾旁。过去酒厂外的码头，肩负着将原料物资运入，将布纳哈本威士忌输出的重要使命，但现在这个码头已经停用，布纳哈本不再靠船运，都是走陆路运输，但码头偶尔还是提供给岛上捕龙虾的渔夫们使用。

　　隶属酒业英商邦史都华旗下，布纳哈本除了自己的单一麦芽威士忌，还有另一支难得的艾莱岛混合麦芽威士忌黑樽（Black Bottle）。市面上混合麦芽威士忌品牌众多，黑樽的独特之处在于，它只混合艾莱岛上蒸馏厂出产的酒，是支血统纯正的艾莱岛混合麦芽威士忌。因综合了艾莱岛不同蒸馏厂的特色，常见到黑樽被拿来当成调酒的基酒用，我一直想知道有没有更好的品尝方式，看到布纳哈本的架上就摆着黑樽，趁着难得的机会询问了安德鲁，他喜欢怎么喝黑樽。他还没回答，一旁的导览小姐就抢先一步说，他最喜欢加上姜汁汽水（ginger ale）。

布纳哈本未引进计算机，至今仍维持传统的计量方式。

117

尤其在夏天，黑樽与姜汁汽水的组合，是最棒的解渴饮料。听得我也很想尝试，于是问了我下榻的那间旅馆，担心我搞错，他们还特别写下来。果然没多久，我就在旅馆的餐厅里喝到了这绝妙的组合，连点餐的小姐都认同地大赞："这真的很好喝！"

艾莱岛的"地下国歌"

和艾莱岛上南向面海的蒸馏厂不同，布纳哈本北迎的是更险峻的气候和地形。过去远航的船员们，远远地看到艾莱岛，看到布纳哈木酒厂，就知道他们离家不远了——布纳哈本在艾莱人，甚至苏格兰人心中，都是家乡的象征。有一首"Westering Home"（《西向返家》）的民谣，唱出了游子们归乡似箭的心情，这首歌也被视为艾莱岛的"地下国歌"。下次品尝布纳哈本时，别把包装丢得太快，急着开瓶的同时，别忘了把包装桶里的小册子拿出来读一读，正面是布纳哈本熟悉的"老船长"，反过来则绘有人们朝思暮想的故乡土地，册尾还写着"Westering Home"的歌词。一边品尝着布纳哈本，一边想象那远航的老船长遥望着艾莱岛土地的心情，威士忌喝来仿佛也有那北国海风的滋味。

布纳哈本有自己的码头，过去走海路运酒，现在已经改由陆路运输了。

Westering Home

And it's westering home, and a song in the air,

Light in the eye, and it's goodbye to care.

Laughter o' love, and a welcoming there,

Isle of my heart, my own one.

Tell me o'lands o'the Orient gay,

Speak o'the riches and joys o'Cathay[①];

Eh, but it's grand to be wakin'ilk day

To find yourself nearer to Isla.

Where are the folk like the folk o'the west?

Canty, and couthy, and kindly, the best.

There I would hie me and there I would rest

At hame wi'my ain folk in Isla.

西向返家

我那西方的故乡，空气中飘扬着歌声

人们眼里闪着光，心里有着爱

那里总是充满笑声和温暖

这个小岛，是我心之所属和唯一的家

告诉我东方的故事

告诉我那些在中国致富的事

---

① 此处为古英语中对中国的指称。

一艘"小船"停泊在布纳哈本的游客中心里。

一桶桶布纳哈本威士忌。

但我每天醒来却发现
自己愈来愈靠近艾莱岛

没有人像我西方故乡的亲友
那么开朗、淳朴又仁慈
他们永远是最好的
我想要歇息了
回到我那艾莱岛的家

相关信息

布纳哈本官方网站

http://www.bunnahabhain.com/

★参观行程（信息时有变动，以官方网站为准）

http://bunnahabhain.com/the-distillery/distillery-tours

※ 以下皆采用预约制，可在布纳哈本官网预约。

酒厂导览（Standard Tour）

每人 6 英镑

两杯品酒行（Dram Tour）

每人 9 英镑

四杯品酒行（Tasting Tour）

每人 20 英镑

酒厂经理导览（Manager's Tour）

每人 40 英镑

酒标上的老船长在布纳哈本可是彩色
版的。

拥有死硬粉丝的死硬派
拉加维林 >>
Lagavulin

拉加维林位于艾莱岛东南方，夹在拉弗格和雅柏两座酒厂中间。它也是间重泥煤味的蒸馏厂，只是不如拉弗格和雅柏般耀眼，多年来，它始终悄悄地绽放光芒。

酒款不多，评价不错

拉加维林隶属酒业集团帝亚吉欧（Diageo），它的酒款一向不多，但评价一直不错，在艾莱岛死忠迷心中，更是"硬派"的内行选择。听到有人推荐雅柏或拉弗格不稀奇，如果对方力荐的是拉加维林，那他骨子里铁定就是拥护泥煤的死忠分子。不过，出人意料的是，喝起来这么阳刚、男性化的威士忌，蒸馏厂里主其事的却是位女性。

拉加维林的蒸馏厂经理乔吉·克劳福德（Georgie Crawford），是位看起来精明利落的中年女子。威士忌是个很阳刚的产业，鲜少看到女性主管，酒厂经理更几乎都是男性。拉加维林也算是个大厂，乔吉从2010年接掌，是少有的女性蒸馏厂经理之一。不过到拉加维林时，未有机会遇见乔吉，反而是到了同集团的另一间蒸馏厂卡尔里拉的品酒会时，才见到这位女经理。

1816年成立的拉加维林，最早是由十余间非法的私酿酒商联手组成的。风格过于强烈的艾莱岛威士忌，曾经有过一段不怎么受欢迎的苦日子，拉加维林也不例外。

蒸馏厂紧邻着海洋，站在岸边就能看到清澈的海水中载浮载沉的海藻。拉加维林生产的威士忌，带有极强的海藻、海洋、烟熏风味，这样的风格在20世纪90年代前，是很不讨喜的。

就像当时许多艾莱岛威士忌蒸馏厂一样，拉加维林也曾有过一周只蒸馏两天的日子，大量减产的影响下，酒厂陈年的酒款一度缺货。尤其是备受好评的

天气好时，平静的海水衬着拉加维林。

清澈的海水里漂浮着海藻，一般认为艾莱岛威士忌略带油质的特殊风味，就是来自海藻。

十六年款，毕竟威士忌得扎扎实实地在橡木桶中熟成，这是个需要岁月累积的产业，无法一蹴即成，当年有过空窗期，现在就得面临无酒可卖的窘境。

幸好，库存是可以逐渐增加的。拉加维林的生产量逐渐赶上了市场的需求量，它不算是艾莱岛威士忌的"主流款"，这反而增加了在酒迷心中的分量。这点从蒸馏厂的访客就看得出来，不少人外表都像个硬汉，甚至还看到了几个朋克族，十分符合我心目中拉加维林的风格。

可爱的伊恩老先生

拉加维林给了我一场很特别的品饮经历，我们出发前就预订了在酒窖的品酒会，带领大家品酩的可是位老拉加维林人。

伊恩·麦克阿瑟（Iain McArthur）是位很可爱的老先生，圆圆的个头，有着酒桶般的身材，他介绍时笑称，自己的体积跟最大的雪莉酒桶差不多。一眨眼，伊恩先生已经在拉加维林蒸馏厂工作了超过四十三年，还有谁比他更适合带着大家一起品尝拉加维林？

谁说一大早不是喝酒的好时机，其实上午的精神最好、嗅觉最灵敏、味觉最干净，反而是品酒的好时机。拉加维林的酒窖品酒会就开始于上午十点，一群壮年男子鱼贯进入酒窖，二十多人中，只有两位女性，其余全是有点年纪的熟男。"阳盛阴衰"的场面，也透露了蒸馏厂的风格。

首先从伊恩老先生口中的"Baby Lagavulin"开始。这是 2004 年的原酒，使用的是容量最小、熟成时间也最短的橡木桶，因为只在酒窖里待了九年，还很年轻，被他昵称为"Baby Lagavulin"。使用移液管将酒自酒桶取出后，当场测得酒精浓度为 57.3%，因为还很年轻，酒很强劲，带点香草和巧克力味。有人起哄喊着要伊恩干杯，悠然淡定的他可不上当，直说自己一天下来得喝不少杯，说完就不客气地把只喝了一口的原酒倒在地上。

拉加维林的资深酿酒师伊恩，带领大家
品尝原酒，他说唱俱佳，大家又开心又
有好酒喝。

参加品酒行程的许多游客，看来都是老
拉加维林迷。

把酒叫醒，让味道出来

接着上场的是 1998 年雪莉桶，因为酒在桶子里沉睡了许多年，伊恩提醒大家："不要害羞，多摇晃你的杯子，得把酒叫醒，让味道能出来！"

品尝的第三款拉加维林，熟成长达二十年的雪莉桶原酒，是不折不扣的 "Lady Dram"。为什么叫 "Lady Dram"？顾名思义，就是喝起来如女士般甜美。既然是 "Lady Dram"，当然得出动美丽的小姐，席间的长发女孩欣然接受邀请，帮大家把酒从桶里取出来。取酒的方式有些技巧，得先用嘴从移液管的上端，用最大的肺活量将原酒从酒桶里吸上来，接着用大拇指按住上端吹气孔，等移液管移到装酒的大玻璃试管瓶上方时，再将拇指移开，此时空气进入，酒液就顺利倒入玻璃瓶了。

现场有二十多人，除非肺活量惊人，否则得重复个三四次，才能取得足够的酒量。长发小姐替大家取完酒后，伊恩还笑着问她有没有喝到一点，她点点头说"有，很好喝"。看着试管里的二十年原酒，伊恩忍不住赞叹："好漂亮的酒色，好香！这真是一款美好的酒。"真的只有爱酒人，才会看着试管瓶，深有所感地称赞酒美丽。

三十一年的拉加维林

接着重头戏来了。早上的品酒会，年份最高的就是这桶 1982 年，由波本桶重新装填的三十一年原酒。"今天是特别的日子，大家大老远来拉加维林，我必须让你们带着特别的回忆离去。"手上拿着这款珍贵的原酒，面对着所有殷切期盼的面孔，伊恩强调："你们不是每天都能喝到这样的酒，我要让你们回去后能骄傲地对朋友说，我喝到了三十一年的拉加维林。"

拉加维林在艾莱岛威士忌嘉年华期间，也举办属于自己的爵士音乐节。

每个人如领圣水般，小心翼翼地捧着酒杯，看着杯子里的拉加维林，三十一年是漫长的岁月，珍惜地喝上一口，如同伊恩所说，这真是好喝，充满丰富的滋味！

不要害羞，没有标准答案，你觉得像什么就是什么，伊恩鼓励大家说出感想。有人觉得喝到了点菠萝的味道，也有人觉得像椰子，更有人认为木质（woody）香气十足。"很高兴你们在喝了四杯后，话终于多了些。"伊恩调侃着，引来大伙哄堂大笑，他继续开玩笑，指着某个酒客说，喝这么好的酒，可是我看你的表情没有很享受。他接着问："谁是第一次来艾莱岛？"浏览着每个面孔，他说"你第一次来，你不是，我见过你……"有人坦承这是自己第二次来，还有人说已经来过八次了。

可以再喝一杯吗？

有了三十一年的珍酿催化，现场气氛热络了起来，可惜品酒会也告一段落。最后伊恩再问一次有没有问题，有人马上提问："可以再喝一杯吗？"真是说出了所有人的心声。临走时，大伙依依不舍地跟这位老拉加维林人道别，有个身强力壮的男子，更调皮地把伊恩整个人扛到肩上，试试跟雪莉桶块头一样的他，到底有多重。

酒迷们排队等着买嘉年华限量酒。

拉加维林面对着海洋，阳光暖暖地晒着，岸边不少人坐在草地上享受威士忌，也享受一日的悠闲。蒸馏厂旁有个美丽的码头，海浪缓缓地拍打着，清澈的海水中，清楚可见海藻漂浮着。熟成的库房就紧邻着大片海洋，海风中的盐分和海藻中的油质，都一一成为拉加维林的风味。制桶师们不厌其烦，一再重复示范着制桶的过程，蒸馏厂大方地让所有人免费畅饮十六年的拉加维林，卖着海鲜、熟食的小吃摊也已就绪。门口还有长长的人龙，排队买拉加维林的艾莱岛威士忌嘉年华限量酒，一群刺青客穿着传统苏格兰裙闲聊着，狗狗在旁边悠哉晃着。美好的一天才正要开始！

相关信息

拉加维林官方网站

http://www.discovering-distilleries.com/lagavulin/

★参观行程（信息时有变动，以官方网站为准）

http://www.discovering-distilleries.com/lagavulin/tours.php

拉加维林酒厂导览

11 月至 2 月，周一至周五 11：30、13：30，周六 10：30、13：30

3 月，周一至周五 11：30、13：30，周六、周日 10：30、13：30

4 月至 5 月，周一至周日 9：30、11：30、15：30

6 月至 8 月，周一至周日 9：30、11：30、14：30、15：30

9 月至 10 月，周一至周日 9：30、11：30、15：30

每人 6 英镑

品酩之旅

11 月至 3 月，周一至周五 14：30，周六 11：30、14：30

4 月至 10 月，周一至周五 13：30，周六、周日 10：30、13：30

每人 18 英镑

酒窖品酒会（Warehouse Demonstration）

周一至周五 10：30

每人 18 英镑

刺青加上苏格兰裙，阳刚的拉加维林吸引了一群有"朋克风"的酒客前来。

嘉年华期间，蒸馏厂大方地摆出各式酒款，一杯杯的拉加维林，提供给民众免费试饮。

CAOL ILA

二十五年的雪莉桶原酒

卡尔里拉 >>

Caol Ila

Caol Ila（卡尔里拉）在盖尔语中，指的是介于艾莱岛和朱拉岛之间的艾莱海峡，当我们一路往北开时，朱拉岛的山峰就在前方，卡尔里拉和朱拉岛也隔着海峡对望着。

艾莱岛产量最大的一家

卡尔里拉蒸馏厂成立于 1846 年，和布纳哈本都位于艾莱岛的北方海边。它的水源来自蒸馏厂后方的南邦湖（Loch Nam Ban），是富含矿物质、盐分的泥煤湖水。

在威士忌产业里，有些蒸馏厂追求的是手工制作、限量创意款，有些则以产量取胜，卡尔里拉肯定是后者。

卡尔里拉是艾莱岛八个蒸馏厂中，产量最大的一家，一年平均产量高达 700 万升，即使跟苏格兰其他威士忌厂相比，也是傲人的多产。站在蒸馏厂外，透过大玻璃窗，远远就能瞧见卡尔里拉的六个大蒸馏器，很有气势地一字排开。这些背对着海洋的蒸馏器，极有效率地为酒厂生产出一批批充满海潮风味的威士忌。

多数原酒都提供给其他酒厂做调和威士忌（blended whisky）用，尤其是"约翰走路"（Johnnie Walker，又译"尊尼获加"），很多人喜欢的"约翰走路"的那股独特的烟熏风味，就是来自卡尔里拉。许多调和式威士忌品牌，都仰赖泥煤味威士忌原酒来丰富口感和滋味，所以卡尔里拉源源不绝地生产，好供应给这些调和威士忌大厂。

虽然是艾莱岛产量最大的蒸馏厂，但因主攻的并不是单一麦芽酒款，卡尔里拉的单一麦芽酒款很少，整个蒸馏厂提供给调合威士忌与自行生产单一麦芽威士忌的原酒比例，大约是 90% 和 10%！也就是说，卡尔里拉只有一成左右

这些烙印在桶上的数字，陪着蒸馏厂度过不知多少年月。

从落地窗外，可以清楚地看见卡尔里拉巨大的蒸馏器。

1846 年成立的卡尔里拉，是艾莱岛产量最大的蒸馏厂。

的原酒，拿来做自家品牌的单一麦芽酒款，其他全拿去制造他牌的调合威士忌。

不过，偶尔寻获它不同于标准年份的酒款，总是让人惊喜。其实在艾莱岛，卡尔里拉的泥煤味算细致，不若拉加维林般强劲，也许就是如此，它才能成为调和威士忌重要的原酒供货商，能轻易地与其他品牌的单一麦芽威士忌融合，创造出新的风味。

拉加维林的兄弟厂

卡尔里拉和拉加维林都属帝亚吉欧集团。我们一早就预约了嘉年华期间才有的品酒行程（maturation experiences），带领大家品尝的是上回在拉加维林逗得所有人都很开心的伊恩，另一位则是拉加维林的经理乔吉。两位都是拉加维林人，忙完了自家的开放日活动后还特别来支持，可见同一集团的两个蒸馏厂，平时应该是交流频繁。

这次的品酒一路都由乔吉主导，伊恩老先生成了倒酒"小弟"。品酒的地点不在酒窖里，而是在一个类似于展示间的场地，旁边摆了不少酒厂的老古董，容纳的人数也比拉加维林多了许多。现场约有四十人，一共准备了四款不同的卡尔里拉供大家品饮，其中包括新酒和艾莱岛威士忌嘉年华限量酒。卡尔里拉产量虽大，但单一麦芽威士忌非主攻商品，市面上的酒款并不多见，能趁着品酒行程，一鼓作气补足卡尔里拉的品饮经验，是难得的收获。

未入桶的新酒

顺序当然是从新酒开始，这是经过二次蒸馏的卡尔里拉，因为还未进橡木桶，呈现为无色的透明液体，不过拿近一闻，呛鼻的酒精味便迎面而来。这样未入桶陈年的威士忌新酒，酒精浓度介于 70% ～ 75%，非常强劲，细闻可以闻到些泥煤味。乔吉提醒可以加些矿泉水，借由水带出新酒的香气来，果然兑了

乔吉（上左）是少见的女性酒厂经理人，在她的带领下，参加品酒之旅的酒客都喝得很尽兴。

伊恩也来到卡尔里拉带着大家品酒。他笑着说自己的身材跟面前的橡木桶差不多。他直接自身后的橡木桶中取出原酒，再用酒精仪当场测量新酒的酒精浓度。

些水后，大麦的香气渐渐出来了。

这样高酒精浓度的新酒，可不是喝着好玩的，试了一口，实在太烈了，喝起来很像渣酿白兰地 Grappa，不是太好喝，剩下的就倒掉了。

抱着感恩的心品尝

第二款是七年的原酒，取自重新装填的美国波本酒桶，酒精浓度为 61.5%。带着明显的波本桶的香味，扑鼻而来的香草、椰子味，也许还有一点蜂蜜味。伊恩将酒自酒桶取出，放在玻璃制的倒酒瓶中时，总会摇晃它一下，唤醒这些在桶中沉睡多时的酒。酒精浓度愈高，酒液流下的速度愈慢；反之，酒精浓度愈低，酒液流下的速度愈快。

接下来是重头戏，二十五年的雪莉桶原酒。伊恩透露，这桶酒有个漫长的旅程。它原本被放在帝亚吉欧旗下另一个蒸馏厂皇家蓝勋（Royal Lochnagar）里，专门用来培训将出任帝亚吉欧品牌大使的人。现在它有了全新的任务，要让我们这些来参加艾莱岛威士忌嘉年华的幸运儿，带着难忘的回忆归去。

深如黑巧克力般的颜色，浓浓的雪莉桶味，这款二十五年的原酒酒精浓度为 54.6%，虽然烟熏味已随岁月而淡去，但仍充满丰富的风味。伊恩边倒边称赞，这真是好酒啊！也不忘再次提醒大家："我现在倒在你们杯子里的酒，外面 pub 一杯就要卖二十五英镑。"大家都知道啊！我们可是抱着感恩的心情，小心翼翼地品尝了手中的这杯珍酿。

每个人都以期待的眼神望着这难得、珍贵的原酒。

在蒸馏厂内品尝一杯甫取自橡木桶的陈年原酒，是许多酒客们心中的梦想。

待品尝的不同年份的珍贵原酒，连同陈年的橡木桶一并陈列着。

独一无二的小样品酒

　　能够喝到珍稀的威士忌酒款，这就是在艾莱岛威士忌嘉年华期间造访蒸馏厂的好处，也就是冲着这个，大家才千里迢迢来参加。品酒会上，有两名哈雷重机打扮的彪形大汉，全身皮衣皮裤，从头到尾正襟危坐、沉默寡言。别看他们外表粗犷，可是有颗细腻的心。一大早十点就开始喝动辄五六十度的威士忌原酒，酒量再好的人，也会受不了，尤其是味觉会疲惫。当有二十五年的原酒摆在面前，就会觉得十五年的不稀奇，但若是平时，十五年的原酒也是佳品，特别是卡尔里拉这样特殊酒款难求的蒸馏厂。于是就见到这两位哈雷汉子，从包里拿出体积跟他们不成比例的迷你瓶、迷你漏斗和迷你标签纸，每当倒了一款不同的酒，他们浅尝一口后，就把剩余的酒经由迷你漏斗倒入迷你瓶中，再仔细于标签贴纸上写下年份、酒精浓度、蒸馏厂名称，就成了一瓶独一无二的小样品酒，可以带回去细细品尝。真是太聪明了，不像我，没喝完的都倒在地上了，太浪费。

　　最后，乔吉和伊恩让大家试喝今年威士忌嘉年华限量款，她体贴地说："我并没有要催大家的意思……"她在每个人的杯中都倒了一些，让大家可以慢慢喝，随意端着酒杯，到蒸馏厂四处参观。伊恩则说了句发人深省的话："我们生无带来，死无带去，要好好享受！"赢得了所有人的掌声。

开放的世界

　　在海边的堤岸旁，我看到有七八个身着鲜黄色 Polo 衫的男子，对着一字排开的卡尔里拉酒杯和一瓶嘉年华限量的酒瓶，不是就着光细看它的色泽，就是拿着相机或手机猛拍，我忍不住问他们究竟在做什么。"这是一种仪式。"有人神秘兮兮地告诉我。

制桶师在艾莱岛威士忌嘉年华期间十分忙碌，两位制桶师一起示范。

开放日，卡尔里拉小小的商店里挤满了人。

其实，这七八个大男人，是从瑞典来的艾莱岛威士忌嘉年华旅行团，每个人看来都是识途老马。有人已来过三四次，还有个人跟我说，他不知来了十二还是十三次，几乎年年报到，"我知道很蠢！"他不好意思地笑笑说。这就是艾莱岛威士忌的魅力！

他们用"瑞典黄"为自己订作了艾莱岛威士忌嘉年华的制服，这身衣服实在太显眼了，后来到很多地方，我们都先被衣服吸引，才发现大家又碰面了。知道我们从哪里来后，他们称赞我们的噶玛兰威士忌很棒，于是大伙就在卡尔里拉蒸馏厂的海岸边，喝着艾莱岛嘉年华限量版威士忌，聊着噶玛兰威士忌，让人忍不住深叹，这真是个开放的世界！

相关信息

卡尔里拉官方网站

http://www.discovering-distilleries.com/caolila/

★**参观行程**（信息时有变动，以官方网站为准）

http://www.discovering-distilleries.com/caolila/tours.php

卡尔里拉酒厂导览

11 月 1 日至 4 月 19 日，周二至周六 10: 30、13: 30

4 月 20 日至 8 月 31 日，周一至周日 9: 30、10: 30、14: 30、15: 30

9 月 1 日至 10 月 31 日，周一至周六 9: 30、11: 30、15: 30

每人 6 英镑

品酩之旅（Maturation Experiences）

11 月 1 日至 4 月 19 日，周二至周六 11: 30、14: 30

4 月 20 日至 8 月 31 日，周一至周日 13: 30

9 月 1 日至 10 月 31 日，周一至周六 10: 30、13: 30

每人 15 英镑

一个个酒杯代表着一颗颗渴望的心，卡尔里拉嘉年华限量款酒一到手，人们就迫不及待地开瓶品尝。

帝亚吉欧集团趁着嘉年华，同步营销其他蒸馏厂。

远从瑞典来的酒客，心满意足地喝着卡尔里拉。

艾莱岛上耀眼的一颗星
布赫拉迪 >>
Bruichladdich

布赫拉迪是艾莱岛上耀眼的一颗星！不仅是因为它的营销手法打破了许多苏格兰威士忌的传统，更因为它拥有一位耀眼的明星，蒸馏厂的灵魂人物——首席酿酒师吉姆·麦克尤恩（Jim McEwan）。

吉姆·麦克尤恩有着酿酒人特有的风采。他有充满创意的酿酒哲学，不强调年份，而是推出各式限量酒，让布赫拉迪成为独一无二的蒸馏厂。

是复兴，也是革命

布赫拉迪蒸馏厂成立于1881年，也像许多威士忌酒厂般，经历过起伏兴衰。曾经在1994年被金宾集团买下，不过还是难逃关厂的命运，最糟时，只剩两名员工守着蒸馏厂，一直到2001年，酒厂重新开幕，这是艾莱岛威士忌的复兴，同时也是革命。

原本从事葡萄酒业的马克·雷尼耶（Mark Reynier），联合其他股东，以私人集资的方式买下布赫拉迪。股东之一吉姆·麦克尤恩，是威士忌酒业里的大师，他一辈子都与威士忌为伍，在接手布赫拉迪之后，大胆创新，打破许多威士忌产业的旧有传统，让布赫拉迪成为精品式的威士忌蒸馏厂。

威士忌界的精神导师

1963年，吉姆·麦克尤恩进入波摩酒厂工作，那年他十五岁，是负责给橡木桶箍桶的学徒，他在波摩工作了三十八年。直到马克·雷尼耶号召股东们买下布赫拉迪，吉姆毅然决然离开波摩，投入布赫拉迪的阵容中，使一个垂死的蒸馏厂，摇身一变成为全新又充满实验色彩的品牌。

吉姆在威士忌界不只是大师，更像个精神导师，一生都在为艾莱岛威士忌

运载橡木桶的古董级老爷车。

蒸馏厂外，堆满了等着被使用的橡木桶。

奋斗，尤其是在接手布赫拉迪之后，他大刀阔斧，突破传统，做出了许多令人刮目相看的成绩。

量产无疑是威士忌酒业追寻的重要目标，多数蒸馏厂均以固定的酒款为主，跨国财团每年投入大量的营销经费，专注在这些品项不多但产量大的产品里。布赫拉迪却不这么做，吉姆推出了许多不以年份取胜，大胆创新的酒款，有以艾莱岛大麦为主题，强调百分百艾莱岛制造的威士忌；也有完全以苏格兰有机大麦为原料的布赫拉迪，这在威士忌界也极少见。布赫拉迪长期与艾莱岛及苏格兰的农场合作，委托他们种植布赫拉迪专用的大麦。曾有艾莱岛的农民表示，从没想过能为蒸馏厂种植大麦，直到布赫拉迪找上他们，这改变了他们的生活，而且是好的改变。

全球泥煤值最高的酒款

吉姆更颠覆了威士忌蒸馏的次数，先有三次蒸馏，再跌破大家的眼镜，推出四次蒸馏的布赫拉迪。

不过，吉姆最有名的力作，是奥特摩（Octomore）和夏洛特港（Port Charlotte）这两个"重泥煤"的特殊酒款，每年限量推出，让泥煤迷们趋之若鹜。尤其是奥特摩，每每打破泥煤值的上限，以2014年的6.2版本为例，泥煤值高达167ppm，是全世界泥煤值最高的酒款。

吉姆灵活的手法，让布赫拉迪话题不断。这个蒸馏厂在重生之初，就树立了独特的制酒风格，在不受传统束缚的情况下，一再推陈出新；在大胆创新的同时，却又执着地扎根于艾莱岛这块土地上。不只使用艾莱岛种植的大麦，布赫拉迪更是极少数拥有装瓶厂的蒸馏厂。

糖化中的麦芽汁。

布赫拉迪极为古典的蒸馏器。

装瓶这件威士忌生产尾端的作业，属于劳力密集的工作，许多蒸馏厂都选择在格拉斯哥市郊的专业装瓶厂里进行，成本较低，现在自行装瓶的蒸馏厂已经少之又少了。布赫拉迪选择拥有自己的装瓶厂，除了能创造出整瓶威士忌"从头到尾"都"Made In Islay"（艾莱岛制造）的纪录，更重要的是，能够提供更多的就业机会，让艾莱岛上的年轻人不必远赴格拉斯哥、爱丁堡等苏格兰大城市工作，可以选择留在自己的家乡。设立装瓶厂无关成本等"经济效益"考虑，只是希望能解决岛上人口外流的问题，所以，布赫拉迪的产量虽然远远不及岛上其他的威士忌"大厂"，员工数却是八个蒸馏厂中最多的。

数百米的排队人潮

艾莱岛蒸馏厂多分布于北边及东边，布赫拉迪却位于西方，隔着一条马路，另一边就是大海。在艾莱岛旅行时，我们难得到岛的这一端，于是趁着参加布赫拉迪开放日活动，好好把艾莱岛的这一端走了一趟。

一样是艾莱岛威士忌嘉年华里的开放日，布赫拉迪蒸馏厂的气氛，跟其他蒸馏厂极为不同。首先，参加的人数远远多过其他家蒸馏厂。当车子靠近布赫拉迪时，远远就看见了绵延数百米远的排队人潮，而且入口左右各有排队的队伍，这还只是等着入场的民众，不含已进到蒸馏厂里的。

看到布赫拉迪的开放日如此受欢迎，我们着实吓了一跳。毕竟这是在艾莱岛，平常在最热闹的波摩，路上最多只有几个行人而已，路途上见着的牛和羊，比遇到的人还多。到布赫拉迪的这一趟，是艾莱岛之旅见到人最多的一次，就连停车都得找一找才有停车位。人潮和车潮，为艾莱岛带来难得的热闹景象。

布赫拉迪开放日，热闹得如一场嘉年华。

虽然队伍很长，但大家都井然有序，不少人携家带眷，甚至全家出动，队伍中有不少不被法令许可喝酒的人，有人牵着爱犬，漂亮年轻的妈妈带着可爱的小女孩，跟其他蒸馏厂几乎都是"酒客"而且"阳盛阴衰"的场面大异其趣。原来，这天刚好是周日，不少艾莱人趁机来个家庭日，喝不喝酒不重要，大家同乐才是重点。当然也有不少威士忌爱好者，为了布赫拉迪，从苏格兰或英国其他地区甚至其他国家远道而来。

厂内的人群比起厂外不遑多让，布赫拉迪在广场内摆了几百张椅子，架好的舞台上已经有乐手在准备，每个员工都穿上了蒸馏厂的白 T 恤，脖子还戴着五彩的花圈，很有嘉年华的气氛。每个人手上都有忙个不停的工作，却都喜气洋洋，今天可是蒸馏厂一年一度的大日子啊！

·种淡淡的蓝

这真是个热闹的嘉年华，布赫拉迪安排了各式节目，有得看、有得吃、有得喝，还有得买。生蚝和烤肉摊是最抢手的，要吃到得耐心排队。现场有不少艾莱岛居民来摆摊，有家庭主妇模样的妇女，卖着自己做的威士忌手工糖，源自艾莱岛八个蒸馏厂，一个都不少；也有老奶奶卖着手工编织的毛线产品；有艺术家摆出自己的画作；还有一轮轮不同的表演节目可欣赏，像是整个艾莱岛都为了布赫拉迪的开放日动了起来。

布赫拉迪的酒标是种淡淡的蓝，蒸馏厂内不时可见三五成群的年轻人，手上提着的也是淡淡的蓝色的布赫拉迪提袋，显得时髦又有型。不只艾莱岛，在整个威士忌产业里，布赫拉迪都是个与众不同的蒸馏厂。手里拿着布赫拉迪提袋的感觉和拿着雅柏、拉弗格，甚至波摩提袋的感觉是极不同的。雅柏和拉弗

开放日当天，布赫拉迪员工穿着 T 恤，戴上花环，服务着蜂拥而至的顾客。

想了解布赫拉迪的滋味，员工会当场打开让你试"闻"。

格是一种艾莱岛风格的表态，强调"我是重泥煤的拥护者"；波摩则较为怀旧典雅，是个保守派的艾莱岛威士忌饮者；至于布赫拉迪，那肯定是种品位的象征！

厂区一片欢乐，进来参观的民众都人手一杯，"饮酒作乐"，但蒸馏厂并没有因此而停工。装瓶的作业线还是忙碌得很，轰隆隆的机器声提醒大家，布赫拉迪从不停歇。

凑在一旁看威士忌装瓶，意外地发现，布赫拉迪还起用了好几位身心障碍者，我们再一次对蒸馏厂落实本土化及照顾弱势的做法刮目相看。

送给儿子的成年礼

每个蒸馏厂都会针对艾莱岛威士忌嘉年华推出限量酒，布赫拉迪也不例外，总共只有七百瓶，还不到中午，架上就只剩下一半不到。有兴趣的人，忙着挑选自己喜欢的号码，贩卖区人声鼎沸。平时布赫拉迪并不太好买，看来大家都趁着这天大肆采购，补足存货，连刷卡机都忙不过来。

我在限量酒区旁看到了一个熟悉的面孔：吉姆·麦克尤恩就在一旁，一样穿着 T 恤，戴着花环，像个摇滚明星般，不厌其烦地帮买了酒的粉丝们签名，与他们拍合照。明明当天上午吉姆才开完大师讲座，怎么这会儿就办起了签名会，不得不佩服他精力过人。

一个光头大个的酷叔，特地挑了支编号二十的酒，请吉姆签上儿子的名字。酷叔谨慎地说，这支酒是打算等到儿子二十岁生日时，送给他的成年礼。不知道他的儿子今年几岁。想象着这瓶酒漂洋过海到了另一块土地，随着时间静静地流逝，若干年后，当这位年轻人二十岁生日到来时，他如父亲期望的那样，审慎地打开这瓶别具意义的酒，尝到人生第一口艾莱岛威士忌的滋味，这是酿酒人最大的成就吧！

布赫拉迪首席酿酒师吉姆·麦克尤恩，像摇滚巨星般忙着为酒客留下签名。

| 不仅雇用当地员工，布赫拉迪也雇用身心障碍者。 | 布赫拉迪是艾莱岛唯一设有装瓶设备的蒸馏厂。 |

真是便宜了那些牛！

未能免俗，轮到我时，我跟吉姆介绍自己的家乡后，他带着迷人的笑容说，他也去过好多次呢！是啊，身为布赫拉迪的首席酿酒师，也等同于代言人，吉姆一年到头全球跑，甚至高雄也去过。这也是威士忌产业辛苦的一面，为了让更多人认识自己的酒厂，得"五湖四海"巡回宣传。

也许因进厂时已收了门票，布赫拉迪的导览是免费的，我们看见有一个旅行团都是老先生、老太太，问了一下是否可以临时加入，得到许可后就这么半途跟着这些白发苍苍的老朋友们一块到处看看。导览员介绍制造威士忌后残余的 draft（大麦的糟粕），最后是给牛当了饲料，同团一位老先生回了句："真是便宜了那些牛！"嗯，果然是老者有老者的智慧。

也生产少量的琴酒

布赫拉迪的蒸馏器中，有一具特别不一样的，上头写着 Ugly Betty（丑贝蒂），但上面有一张性感美女侧坐的艳照。原来 Ugly Betty 是专门的琴酒蒸馏器，布赫拉迪不只生产威士忌，也生产少量的琴酒。

2013 年正好是吉姆·麦克尤恩从事威士忌业五十周年，布赫拉迪酒厂的同事们还特别做了张他最爱的"Boss"布鲁斯·史普林斯汀（Bruce Springsteen）[1]伦敦海德公园演唱会的后台证，送给他当作五十周年纪念礼。吉姆参加"Whisky Live 国际烈酒展"时，我找到机会特别问了他，有没有看布鲁斯·史普林斯汀的演唱会，他点点头说，看了，而且还哭了。"布鲁斯·史普

Ugly Betty（丑贝蒂）是布赫拉迪的琴酒蒸馏器。

---

[1] 布鲁斯·史普林斯汀，美国摇滚歌手，歌曲洋溢爱国主义及社会关怀，从小在新泽西长大的他，因总在歌中唱出美国劳工蓝领阶级的心声，被歌迷昵称为"The Boss,"更有"工人皇帝"之称。

林斯汀对我来说，不是个明星，而是个英雄！"毕生都与威士忌为伍，吉姆有着独特的工作哲学和思维，虽然贵为品牌代表人物，他却觉得，"我在布赫拉迪，也只是个蓝领"，难怪会钟情有"工人皇帝"之称的布鲁斯·史普林斯汀。

布赫拉迪曾是备受瞩目的独立蒸馏厂，但可能是做得太好了，仍难抵国际集团并购的趋势。2012年7月23日法国人头马君度集团（Remy Cointreau）宣布，以五千八百万英镑收购布赫拉迪，布赫拉迪也从一个由四位股东合力经营的私人蒸馏厂，成为国际集团旗下的一分子。

被纳入主流体制后，会不会减损布赫拉迪原有的精神和质量？很多人都好奇结果，我想，这个问题恐怕只有时间能解答。

相关信息

布赫拉迪官方网站
http://www.bruichladdich.com/

★参观行程（信息时有变动，以官方网站为准）
http://www.bruichladdich.com/distillery-tours-visits

布赫拉迪酒厂导览
4 月至 9 月，周 一 至 周 五 10：00、11：00、13：00、14：00、16：00，周六 10：00、11：00、13：00、14：00，周日（仅于 4 月至 8 月）13：00、14：00
10 月，周一至周五 11：00、14：30，周六 10：30、11：30
每人 5 英镑

酒窖品酩（Warehouse Tasting）
4 月至 9 月，周一至周五 12：00、15：00，周六（仅于 4 月至 9 月）12：00
10 月，周二及周四 14：00、15：00
每人 25 英镑

嘉年华限量款酒，开放日当天被抢购
一空。

农场式的小小独立蒸馏厂
齐侯门 >>
Kilchoman

齐侯门是个"农场式"的蒸馏厂，拥有自己的大麦田，规模很小。跟其他跨国企业旗下的蒸馏厂相比，齐侯门显得袖珍，这也是它最珍贵之处。

岛上唯一的独立酒厂

齐侯门是艾莱岛上最年轻的蒸馏厂，成立于 2005 年，也是岛上仅存的"独立"酒厂。威士忌是个庞大的产业，需要悠久的时间和庞大的资金。虽然早期是以私酿起家，但能够由家族或私人经营的蒸馏厂少之又少，即使最初是由家族创立，最后总难逃几经转手并入财团的命运。

艾莱岛曾经有两家"独立"蒸馏厂，布赫拉迪充满创意的酿酒哲学，曾是独立蒸馏厂的典范，但被人头马君度集团买下后，现在只剩齐侯门了。

威士忌需要"时间"，苏格兰明文规定，法定威士忌最低陈年期限为"三年"，意思是，从放入橡木桶开始，至少要三年后才能装瓶上市。这是个最短也要投资三年才可能有"营业额"的产业，因此新兴的酒厂少之又少，实力要够强，才能有勇气投入这个产业。

身为艾莱岛上最年轻的成员，齐侯门只是个小小的、手工式的独立蒸馏厂，但在一片财团规模的竞争对手的"夹击"中，更显得弥足珍贵。

何不成立自己的蒸馏厂

齐侯门的创始人安东尼·韦尔斯（Anthony Wills），选择落脚在艾莱岛，不过他并不是土生土长的艾莱岛人。

安东尼·韦尔斯最早是威士忌的独立装瓶商，他看到许多威士忌爱好者执着追求各式的限量酒，兴起了何不自己成立蒸馏厂的念头。安东尼·韦尔斯相中了艾莱岛，而且决定要回到威士忌的本源，从种植大麦开始，于是有了齐侯门这个小而巧，独一无二的农场式蒸馏厂。其实，威士忌最早的酿造就是从农场开始，农人们将生产过剩的大麦拿来酿酒，苏格兰早期的蒸馏厂都在农场里。

仅仅有一对蒸馏器，产量自然不多。

| 蒸馏厂创办人安东尼·韦尔斯，埋首辛苦工作。 | 齐侯门的蒸馏器如同这座蒸馏厂的规模般，小巧袖珍。 |

像齐侯门这样独立的小蒸馏厂，也许产量很难与其他酒厂并驾齐驱，但在一片财团企业化经营的威士忌产业中，却显得弥足珍贵。尤其当全球都充斥着各式连锁企业和大者恒大的商业逻辑时，任何独立经营的产业，都更需要人们的支持。

诞生十多年的齐侯门，在威士忌界还算是个小baby，规模也很小，只有一对蒸馏器，每年的产量也不多，真的无法跟其他大蒸馏厂相提并论。但从2009年推出第一支符合苏格兰单一麦芽威士忌标准、陈年三年的酒款后，齐侯门的表现就令很多人刮目相看，齐侯门多次获奖，成了艾莱岛上耀眼的新生力军。

小路迢迢不好找

造访齐侯门的那天，沿着A847公路奔驰，差点就错过路口蒸馏厂的蓝色招牌。顺着指引往右转，一路上渺无人迹，只有一群群低头吃草的牛羊，甚至还经过了个大湖。就在快要放弃时，那熟悉的蓝色招牌又出现了，车子一路碾着碎石路狂飙，终于在预定的时间内，抵达位于艾莱岛西部内陆的齐侯门蒸馏厂。

2005 年成立的齐侯门，还是个年轻的蒸馏厂。

气喘吁吁地报到后，导览小姐称赞我们来得真准时，分秒不差。我跟她说差点就找不到蒸馏厂，她说有一组同时预约参观的夫妻，一样还没找到目的地，得再等等。看来有人跟我们一样，迷失在来齐侯门的路上。

当初跟另一个蒸馏厂的员工聊到要去齐侯门时，他好意提醒我们，这个蒸馏厂位置有点偏僻，不是很好找，还特别拿了地图指出它的位置，告诉我们要怎么走。只是艾莱岛的地图实在过于简单，重要的目标就那几个，主要干道也只有那几条，和真实的复杂路况难以对应。如果两地距离不近，中间就会有很多不在地图上的错综复杂的乡间小路，对方向感没有信心的人，很容易半路就掉头走了。

在来齐侯门的路上，沿途见不着人烟，也无住户，几度差点放弃，幸好我们坚持了当初的判断。而晚到的那对夫妻也没迟太久，大伙儿逛逛蒸馏厂的商店，不一会儿人就到齐，开始了齐侯门之旅。

成功吸引了年轻族群

因为是新酒厂，厂内的员工都很年轻，来参观的客人也跟其他的酒厂很不同，不少是看着酷酷的年轻人，看来齐侯门成功吸引了一批爱好威士忌的新族群。真的是很年轻的蒸馏厂，厂内的设施没有太多可观之处，偶然抬头，见到屋梁上画了一只猫头鹰。导览小姐介绍，它叫雨果（Hugo），因为常有燕子飞进来偷吃大麦，所以蒸馏厂员工特别画了这只猫头鹰，希望能"以假乱真"，叫贪吃的燕子别再来。

蓝色招牌指引着往齐侯门的小路，一不小心就很容易错过。

屋梁上的"雨果"肩负着驱赶燕子的重责大任。

齐侯门是个年轻的蒸馏厂，也吸引了不少年轻一辈的酒客前来。

马希尔海滩

齐侯门有款名为"马希尔海滩"的威士忌，马希尔海滩是一处距离蒸馏厂不远的海湾。某天黄昏，我们想到这处当地人极为推荐的沙滩走一走，按着地图的指示，车子已经开到路的尽头，却遍寻不着海滩的踪影。

来来回回寻了好几遍，正当想放弃时，看到一位可能是刚吃完晚饭，正准备骑着自行车出门玩耍的小弟弟。赶忙凑上前问他马希尔海滩在哪儿，他二话不说，马上踩着小小的自行车，带我们去。

原来路的尽头就是马希尔海滩。把车停好，越过起伏的沙丘，马希尔海滩就在沙丘后。沙子细细绵绵，太阳已经下山，沙滩上没有半个人，宁静中，只听得到海浪声，还有白天遗留下来的脚印。这个美丽的沙滩，就像齐侯门以它命名的威士忌酒款，有种沉静的美感。这趟意外的邂逅，让我后来只要品尝起"马希尔海滩"这款威士忌，脑海里总会浮现那一望无际、细白柔软的沙滩。

回程时，见到带路的小弟弟带着大哥哥前来，可能是来找我们的吧！可惜天色渐黑，我们摇下车窗跟他招招手，谢谢他的帮忙，同时也和他说再见。

相关信息

齐侯门官方网站

http://kilchomandistillery.com/

★参观行程（信息时有变动，以官方网站为准）

http://kilchomandistillery.com/tour-and-events/distillery-tours

酒厂导览

周一至周五 11：00、15：00

每人 6 英镑

酒厂经理导览

周一 13：30（需预订）

每人 27 英镑

成立时间愈久，齐侯门的酒款愈为市场所认识。

最不可能到得了的地方
朱拉岛 >>
Jura

这是一个鹿比人要多上许多的小岛，遗世独立般待在世界的某个角落。朱拉岛，一个意外踏上的荒凉之岛。

乔治·奥威尔曾隐世于此

朱拉岛只有两百多名居民，可是却有五千多头鹿，所以它叫 Jura，因为在盖尔语中，Jura 就是鹿的意思。整个岛只有一条公路、一间饭店、一间商店、一个小区和一个蒸馏厂。

因为它人烟稀少，很有隐世之感，乔治·奥威尔（George Orwell）觉得它是"最不可能到得了的地方"（the most ungetable place），所以选择避居在岛的最北方，写下了寓言小说《一九八四》。

轻泥煤风格

朱拉岛制作威士忌的历史悠久，早于 15 世纪即有文献记载。朱拉蒸馏厂是 1810 年建造的，1876 年重建，但在 19 世纪初时，经历了关厂时期。现在的朱拉蒸馏厂是于 1963 年"重生"的，在未重启酒厂前，岛上一度只剩下一百多名居民，不过当朱拉岛建设起新颖的蒸馏厂设备后，岛上的经济被带动了起来，岛上的人口也增加至两百多名，逐渐恢复生气。

虽然位置偏僻，不同于艾莱岛威士忌强烈的泥煤风味，Jura 威士忌的轻泥煤风格仍吸引着远在世界各处的岛屿威士忌迷们。它喝起来甜美柔顺，就像岛上的鹿群，带着温柔、清澈的眼神。最常见的朱拉酒款应属 Superstition（幸运），瓶身上的银色十字架，似乎更为这个遥远北国的蒸馏厂增添了些神秘的气息。

枯黄的草堆为朱拉岛增添了浓浓的萧瑟感。

害羞的鹿群远远观望着，不敢靠近，稍有动静，立即飞奔离去。

恶水漩涡

乔治·奥威尔当年选择闭关写《一九八四》之处，在朱拉岛的北端。我们没有一路征服荒凉之地往极北去的勇气，只绕着朱拉的海岸线漫游了一段。在岛的最北方，有一个恶名昭彰的恶水漩涡 Corryvreckan，这是全欧洲最大、全世界第二大的漩涡，雅柏甚至以它为一款威士忌命名。

虽然到艾莱岛的人大部分都会"顺道"拜访朱拉，但我们一直不确定到不到得了这个小岛。头一次打算去朱拉岛时，那天风有点大，往返艾莱和朱拉两岛间的渡轮没有开。艾莱岛上的居民都劝我们不要去，还警告即使勉强搭上渡轮去了，也很可能因风势过大，渡轮再度停驶而被困在岛上，到时可就不好玩了。

可是岛上唯一的朱拉蒸馏厂，只有周一至周五的上班时间开放，除了那天，我们多数时间都已预订了其他蒸馏厂的行程。我们不想放弃，于是开着车一路由南往北走，想看看状况再说，到了搭渡轮的地点阿斯凯港（Port Askaig），不见渡轮的踪影，只见路旁停了六七辆大小不同的车子，正等着不知何时开的渡轮。

风势依旧强劲，没有转好的迹象，我们只得打消前往朱拉的念头，免得真的去了回不来，那就惨了。

终于登上朱拉岛

周末是个好天气，虽然明知这天朱拉蒸馏厂休息，但还是想往乔治·奥威尔觉得"最不可能到得了的地方"走一走。

这天很顺利，登上了渡轮。说是渡轮，其实是一艘有点老旧的平底船，一小时一班。船真的不大，如果有小货车上来，顶多只能停三四辆，幸好今天只

朱拉岛靠着渡轮维持与艾莱岛的交通联系。

远远望去，公路上罕无人烟，只有咻咻的风声陪伴。

有我们一台车，车子开上后，差不多五分钟吧，就到了朱拉岛。其实，在艾莱岛的这几天，只要往北走，朱拉峰（Paps of Jura）就总是在眼前，它在行政区划上隶属艾莱岛，两地虽然距离很近，但威士忌的风格却截然不同。

闯入一年一度的越野马拉松比赛

岛上只有一条公路，路旁罕无人烟，只有一片苍凉的景色。也许开了十来分钟，对向没有任何来车，有种整个岛只有我们的错觉。好不容易，渐渐有些绿意了，我们抵达岛上唯一的小镇，也是朱拉蒸馏厂的所在地。出乎意料地，蒸馏厂周遭停满了车子，就连海边都立满了五颜六色的各式帐篷，原来，我们意外闯进了朱拉岛一年一度的越野马拉松比赛（Jura Fell Race）了。

这个越野赛跑早从1973年就开始举办，起点和终点都是朱拉蒸馏厂，是岛上的大事，几乎家家户户都出动，朱拉蒸馏厂也大力支持，提供场地供选手们报到和休息用。整个赛程要绕朱拉峰一大圈，路形崎岖坎坷，不但要经过泥泞的沼泽，还有碎石林立的石英岩山坡。因为沿途都是荒芜的野地，主办单位也规定参赛的选手一定要携带哨子、指南针、地图，得穿上防水的服装，防止下雨降温，甚至还得随身备妥至少两百大卡热量的口粮，随时补充能量。

辛苦地跑完全程后，选手们随意坐着休息。

比赛从上午十点三十分起跑，我们在下午一点多到时，有些脚程快的选手已经抵达终点。他们脚上的跑鞋沾满了泥巴，选手们一身疲惫，就地坐下来休息，可见这是个不简单的赛程。

为了迎接选手们，终点线前特别安排了位苏格兰风笛手，他的工作也不轻松，几乎不间断地吹着风笛，也是一脸吃力的样子。赛事历史悠久，不过，看来参加的人不少，各种参赛者都有，不少人带着狗狗一起跑，也有盲人选手两人一组，还有人骑着自行车？！不管是谁，只要一抵达终点，围观的群众总会报以热烈的掌声，表扬他们辛苦地翻山越岭。

结束赛程的选手们，三五好友席地而坐，享受着阳光，一派轻松惬意。不少人携家带眷而来，因朱拉岛只有一间旅馆，看来多数人选择以露营的方式度过在朱拉岛上的时光。

朱拉蒸馏厂周末休息，从玻璃窗外，能清楚地看见里头陈列的朱拉威士忌。立着朱拉蒸馏厂广告牌的空间，成了越野赛跑的临时救护站，身体不适的选手就躺在里头休息。虽然很可惜无法参观酒厂，但能够见到这一年一度的朱拉越野赛跑，也是意料之外的收获。

朱拉是鹿之岛，我们直到要离去等待渡轮时，才见到三三两两的鹿群，小心地警戒着，在高地上吃着草。鹿是美丽的动物，只是太敏感、太害羞，我们想再靠近点，好好欣赏它们美丽的姿态，结果它们一溜烟躲得无影无踪了。

相关信息
朱拉官方网站
http://www.jurawhisky.com/
蒸馏厂之旅需事先预约

从窗外往内看朱拉蒸馏厂的商店。

| 天气好，妈妈和小孩坐在蒸馏厂外的草地上玩耍。 | 尽责的风笛手一路吹奏着，等着选手归来。 |

第九间蒸馏厂 >>

Gartbreck

走访了八间蒸馏厂后，我们听说艾莱岛即将出现第九间蒸馏厂。

这个消息先在艾莱岛官方网站上看到，接着陆续有媒体报道。将有全新的艾莱岛蒸馏厂，已成为威士忌界的新闻。这将是继 2005 年齐侯门成立后，艾莱岛 125 年来，第二个全新的蒸馏厂。新的蒸馏厂取名为 Gartbreck，名称来自同名的农场，它离波摩蒸馏厂很近，一样靠近英道尔湾（Loch Indaal），与另一蒸馏厂布赫拉迪隔着海湾遥遥相望。

开设蒸馏厂不是件容易的事，必须要有大量的金钱和时间的投资，还需要足够的耐心和毅力才能得到回报。威士忌需要陈年，年份愈久价值愈高，所以一个年轻的蒸馏厂，有价资产相对较少。这也是为什么多数财团宁可买一间濒临倒闭的蒸馏厂，也不愿盖一间新的，至少旧的蒸馏厂，还有些库存的陈年威士忌，可免去从头开始的辛苦。

成立新的蒸馏厂，需要相当大的勇气。不过，这已不是 Gartbreck 蒸馏厂的拥有者让·道尼（Jean Donnay）成立的第一间蒸馏厂。他早在 2005 年，就选择在法国的布列塔尼地区，创立威士忌蒸馏厂 Glann ar Mor。选择在法国做威士忌，可见让·道尼有着非同常人的思维，但这次他选择在威士忌迷心中的

艾莱岛即将诞生另一间吹拂着海风，有海洋味道
的蒸馏厂。（图片由 Gartbreck 蒸馏厂提供）

圣地——艾莱岛，完成自己的另一个梦想。

未来 Gartbreck 蒸馏厂将生产艾莱岛著名的泥煤风格威士忌，并会依循地板发芽的传统，建立自己的窑，好烘干麦芽。Gartbreck 蒸馏厂日后制作威士忌的大麦，将会有 20% 取自艾莱岛，其余不足的部分，则自苏格兰进口。

Gartbreck 将有一对直火加热型的蒸馏器，隔着大片的玻璃窗，遥望着远方的海洋，发酵槽也会用奥勒冈松制成。蒸馏厂创办人让·道尼特别强调，这些做法与怀旧无关，他只是依着自己相信的方式来制造威士忌。Gartbreck 蒸馏厂的水源取自离厂区 900 米远的 Grunnd 湖。除了威士忌之外，它也将生产琴酒，在没有威士忌可卖前，至少还可以靠琴酒创造些营收。蒸馏厂预计 2016 年开始运作。[①]

在我写下这段文字时，Gartbreck 的外观还只是个残破的旧农场，最常造访的是牛羊群。农场外头立了个广告牌，写着 Gartbreck Distillery（Gartbreck 蒸馏厂）几个字，还配上了一张模拟未来蒸馏厂的图片，昭告着这就是艾莱岛的第九间蒸馏厂所在地，除了这些，其余的就需要一点想象力了。虽然 Gartbreck 蒸馏厂的外观还不怎么样，但这可是个扎扎实实 285 万英镑的

[①]　Gartbeck 蒸馏厂最早于 2013 年 9 月传出计划开建的消息，但由于 Jean Donnay 与 Hunter Laing 旷日持久的土地纠纷，至今（2021 年）仍未建成。

投资计划，再次证明威士忌真是个昂贵的产业。

还需要一段时间才能喝到 Gartbreck 蒸馏厂的酒，它喝起来会是如何，令人好奇。有了泥煤生力军的加入，艾莱岛威士忌又增添了新风味。在走访了八间蒸馏厂后，有了这第九间蒸馏厂，也预留了再访艾莱岛的好理由。

举杯，敬艾莱！

抵达时，飞机载我们降落在艾莱岛；离开时，我们选择在艾伦港搭乘渡轮离去。站在渡轮的甲板上，目送着艾莱岛渐行渐远，白色的蒸馏厂逐渐消失在视线里。旅程已近尾声，但我们对艾莱岛的喜爱却有增无减。

从艾莱岛回来后，对我们而言，艾莱岛不再只是个威士忌产区而已，那里的自然景观和岛民风貌如此特别，总是让人再三回味。尽管路途迢迢，心却离它很近，每每一张照片就能唤回许多微笑的记忆，每举杯一次，就更加深对这个岛屿的想念。

我们一个是威士忌爱好者（whisky lover），一个是威士忌饮者（whisky drinker），总是觉得知道得还不够多，酒量还不够好。艾莱岛教会了我们许多事。

这曾经是个有着没落的蒸馏厂和高失业率的岛屿，年轻人口严重外流，靠着自己的力量，它擦亮艾莱岛的招牌，成为全世界威士忌迷们的朝圣之地。艾莱岛教会我们的不只是威士忌的学问，更让人体会到，最好的佳酿，其实是来自对土地的珍视与骄傲。

Slaandjivaa! 让我们一起举杯，敬艾莱岛这块土地，也敬岛上可爱的人们和手上的这杯艾莱岛威士忌吧！

这是 Gartbreck 蒸馏厂未来的模样，通过 3D 模拟图，可以看见蒸馏器隔着落地玻璃窗，正望着海洋。蒸馏厂将取 Grunnd 湖水来制造威士忌。（图片由 Gartbreck 蒸馏厂提供）

后来据了解，Gartbreck 蒸馏厂应该盖不起来了。反而是另一家新酒厂将成为艾莱岛的第九家蒸馏厂。

189

风格独具

　　单一麦芽威士忌是"独奏者",通过年份的多寡、橡木桶的种类以及产区的不同,尽情展现蒸馏厂的特色。

　　品尝单一麦芽威士忌,渴求的是一种明确的风格,苏格兰威士忌更是如此。

　　拆解它的制造过程,重组风味的来源,明了产区的分布,然后尽情地享受苏格兰单一麦芽威士忌。

什么是单一麦芽威士忌 >>

"单一麦芽威士忌"是种纯粹而极致的追求。

所谓的单一麦芽威士忌，指的是在同一个蒸馏厂出产的麦芽威士忌，必须使用发芽大麦，不能掺杂其他谷类。它背负着纯正、严格的产地身份和品牌辨识度，并且根据产地的气候风土及制酒过程，而有截然不同的风格。

炼金术士的意外发明

调和式威士忌将不同蒸馏厂的麦芽威士忌与不同种类的谷类威士忌混合，讲究的是均衡的美感。单一麦芽威士忌与之不同，它像是风格独具的"独奏者"，通过年份的多寡、橡木桶的种类，尽情展现蒸馏厂的特色。而调和式威士忌则像是由各司其职的乐手组合而成的乐团，经过精细的计算，各声部、各乐器呈现出协调之美。

品尝单一麦芽威士忌，渴求的是一种明确的风格，苏格兰威士忌更是如此。而只有在苏格兰蒸馏，并且熟成三年以上，才能冠上苏格兰单一麦芽威士忌之名。

苏格兰威士忌的诞生得从遥远的历史说起，最早发明蒸馏酒的是炼金术士。埃及的炼金术士在提炼长生不老之药时，发明了蒸馏酒的方法，当时称为"Agua Vitae"，意指"生命之水"。这时的蒸馏酒液被拿来浸泡药草，是药物的一种，十分珍贵，不是一般人可以取得的。

生命之水

蒸馏的方法后来经由欧洲传入了爱尔兰，爱尔兰修道士在修道院里以麦芽制造出盖尔语中的"生命之水"——"Uisge Beatha"，这两个词被写在无数蒸馏厂的蒸馏器或分酒箱上，更被奉为威士忌的经典。一般认为，后来坊间威士

全球威士忌品牌如此之多，对热爱威士
忌的人来说，是永远探索不完的宝藏，
爱丁堡苏格兰威士忌中心就有着丰富、
傲人的收藏。

忌（Whisky）名称的起源，就是从盖尔语的"Uisge"而来。这时的威士忌仍停留在"药用"的阶段，因被嫌太难喝，常放入许多不同的药草"加味"，随着蒸馏技术流传至民间，才被农民使用，逐渐发展成为一种"饮品"。

酒类通常是农作盛产后的产物，威士忌也不例外。大麦丰收，农家们将多余的农作物，借由蒸馏的方式储存起来，最初只是无色无味、高酒精浓度的蒸馏酒液，味道跟现在的威士忌相距甚远。

意外的琥珀香

这时的威士忌还是私酒，农夫们"自用"之余，也会贩卖这些大麦蒸馏酒，赚些外快，好支付地主的地租，甚至索性以蒸馏酒抵扣租金。私酒愈来愈盛行后，苏格兰政府动起了课酒税的念头。早在1644年，苏格兰议会就通过了对威士忌课税的决议，不过，上有政策，下有对策，善于制酒的农夫们总有办法规避课税。一直到1707年，苏格兰与英格兰合并，愈来愈多的大麦蒸馏酒出现，政府于是大幅增加酒税，此举反而让私酿威士忌更为盛行，人们为了躲避查税，纷纷把蒸馏器和酒藏在偏僻的山区中。18世纪的私酿酒时期，对后来威士忌风味的形成有关键性的影响。农民经验丰富后，开始懂得用纯净的山泉水和质量佳的大麦来酿酒，同时为了移动方便，将蒸馏器的体积改得更小。据说，某次为躲避课税官的查缉，私酿者情急之下，将酒液藏入了空的橡木桶中。这批藏在桶中被遗忘了的威士忌，若干年后被打开，竟传出迷人的香气并有着琥珀般的颜色，味道更变得甘醇。这意外的发现，奠定了日后威士忌的制作过程。

私酿的时代在1824年告一段落，第一家合法的蒸馏厂格兰威特（Glenlivet）诞生，相信大家已经从酒商铺天盖地的广告，了解到了这段历史，威士忌也从农家的私酿酒，逐渐发展成为现在庞大的跨国产业。

细细地品尝同一蒸馏厂中不同款的单一
麦芽威士忌，是一种享受。

单一麦芽威士忌的诞生　　>>

一切都要从一颗小小的麦芽开始说起。

单一麦芽威士忌的制造过程，起源于大麦。为了要让大麦变成酒，得先让它发芽，将淀粉转化为糖，才能发酵、蒸馏，进而陈酿为威士忌。因此，制造单一麦芽威士忌的第一步，就是"发芽"。

▌Step 1　发芽

要让大麦发芽，水是最好的催化剂。各蒸馏厂会以专用的水，将大麦浸泡在其中，大约两天的时间，就可以让吸饱水分的麦子冒出小芽了。

传统的地板发芽

苏格兰威士忌传统的发芽方式，是将浸湿后的大麦以20厘米左右的厚度，平铺在蒸馏厂发麦芽的地板上，再以专用的木铲，每隔几小时将麦芽铲动一次，好让所有的麦子发芽的速度都能平均。这种"地板发芽"的传统，现仅有少数蒸馏厂仍在承袭，例如艾莱岛上的波摩及拉弗格，因此显得格外珍贵。

麦子发芽到一定程度后，就得让它停止，否则糖分全转化成养分跑到了芽里，反而不利于制造威士忌，必须加以干燥，终止发芽的过程。这时麦芽会被送进"窑"里。苏格兰蒸馏厂烘干麦芽的窑，最醒目的就是那宝塔式的屋顶。据说这样的设计有助于烟雾的排放，所以广泛地被蒸馏厂使用，成了许多苏格兰蒸馏厂的招牌建筑。

仅有少数蒸馏厂保留了地板发芽的传统。

烟熏香气的由来

窑的最底层为燃料，中间为产生的热气与烟，最上层则铺放着麦芽。燃料有两种，有些蒸馏厂单纯烧煤炭，有些则选择烧泥煤。艾莱岛威士忌最著名的烟熏香气，就是由此步骤而来。

只是随着时间的演进，不管是地板发芽还是烘干烟熏，现多已不在蒸馏厂里进行，多数蒸馏厂都转而向专业的麦芽厂购买麦芽，将麦芽以工业机械化的方式，大量而有效率地进行作业，好省去此费时又费工的发芽步骤。因此在艾莱岛上，唯一有大烟囱且终年不止息的就是波特艾伦麦芽厂。

艾莱岛上的波特艾伦蒸馏厂，过去曾出产单一麦芽威士忌，现在则是专业的麦芽厂，依各蒸馏厂不同的要求，量身定做干燥、烟熏程度各不相同的麦芽。

▌ Step 2　糖化

麦芽干燥过后，紧接着会被磨碎，送进糖化槽里。

"糖化"是让大麦释放出糖分的重要步骤。除了碎麦芽外，糖化槽里还会加入约60℃的温水，活化大麦中自然产生的酵素，经过酵素的催化，好让麦芽中的淀粉转化成为糖。

在糖化的过程里，除了加入大量的温水，还必须不断地搅拌。糖化槽中都有一支横向的搅拌棒，每个蒸馏厂的搅拌棒形状不一，但相同的是，它不能停歇，让麦芽持续释放出糖分。

糖化槽的底端有开孔，过滤出糖化后的麦芽汁，准备进入下一个步骤"发酵"。槽内会留下大麦残渣，这个名为"draft"的大麦糟粕，含有丰富的营养，通常被蒸馏厂卖给畜牧场或是加工做成饲料。

借由温水及不断搅拌，促进糖化过程。

波摩蒸馏厂至今仍使用古典的黄铜糖化槽。

▎Step 3　发酵

糖化过后的麦汁降温后，被送进"发酵槽"，这时各蒸馏厂会加入自家的酵母菌，进行发酵作业。

造成复杂风味的关键

发酵对日后威士忌的风味有很大影响，发酵的过程会产生许多不同的香气，这是造成威士忌复杂风味的关键因素，因此蒸馏厂都有自家惯用的酵母菌种。有些蒸馏厂甚至自行调配，加入两种以上的酵母菌。

发酵增添威士忌的风味，这点在参观蒸馏厂时即可感受得到。一进入发酵区，明显感觉到四周的温度偏高，还弥漫着一股淡淡的"啤酒香"，探头往发酵桶里一看，里头才是热闹。在酵母的催化下，桶子里麦汁直冒泡，而且在没有任何外力的状况下，汁液不停地翻滚，活力十足。

准备从啤酒变成威士忌

传统上发酵槽以木桶为主，但现代有不少蒸馏厂为精准控制温度等外在条件，纷纷改用不锈钢槽，以利于大量生产。发酵的时间在三天左右，此时产生的酒汁约有7%的酒精浓度。制造威士忌的过程到此阶段，跟啤酒大同小异，生产出来的酒汁喝起来也像啤酒。接下来的"蒸馏"步骤，才是让酒汁从啤酒变成威士忌的重要一步。

发酵中的麦芽酒汁活力十足。

▌Step 4　蒸馏

　　蒸馏是让威士忌不同于其他酒类最重要的一个步骤。单一麦芽威士忌使用的是"罐式蒸馏器"（pot still），其他谷类威士忌使用的则是柱状或者"连续式蒸馏器"。

酒头、酒心和酒尾

　　单一麦芽威士忌的蒸馏器都为铜制，但形状不一。有灯笼型、洋葱型、梨型等，制酒人相信，蒸馏器的形状会影响蒸馏出来的威士忌味道，因此当蒸馏器不堪使用、需要汰换时，如果原铜制蒸馏器有某处凹了，新的蒸馏器也得在同样的地方制造出同样的凹陷，才能确保威士忌的风味不会有任何变化。

　　苏格兰威士忌多数为二次蒸馏，少数蒸馏厂为三次蒸馏。通常是两个蒸馏器一组，用于第一次蒸馏的叫"酒汁蒸馏器"（wash still），也称"初馏器"；用于第二次蒸馏的则叫"烈酒蒸馏器"，也称"再馏器"（spirit still）。蒸馏的技术是利用沸点不一，分离出水和酒精。第一步经过酒汁蒸馏器产生的液体，酒精浓度仍低，而且含有许多杂质，需要再经二次蒸馏；经过烈酒蒸馏器后的液体，经由"分酒箱"（spirit safe）可分为"酒头""酒心"和"酒尾"。分酒箱都上锁保护，只有蒸馏师能依专业判断，哪些是带有美味及香气的酒心，可以保留下来。最初和最后阶段的酒头和酒尾，则重新回到蒸馏器，跟初馏的酒汁混合，再来一次蒸馏之旅。

三次蒸馏

　　少数蒸馏厂进行的三次蒸馏，会去除更多的杂质，取得更纯净、轻柔的酒液，但三次蒸馏也同时被认为去掉了更多酒液的"个性"。

蒸馏器是蒸馏厂的命脉，每间酒厂都十分珍惜，此图摄于波摩蒸馏厂。

| 波摩酒厂的蒸馏师威利，正仔细管控每一滴新酒。 | 蒸馏时，须经由分酒器区分出酒头、酒尾、酒心。 |

经过二次蒸馏后所得的酒液称为"新酒"（new pot），但这时它只是酒精浓度高达70%左右的无色透明酒液，离熟悉的威士忌，只剩最后一段却也是最漫长的旅程——"熟成"。

Step 5　熟成

这是威士忌最迷人的一个阶段。传统蒸馏厂的熟成酒窖，多数建造在阴凉、密闭的空间，踏入酒窖就像进入另一个世界，只有一桶桶原酒沉睡着，吸收着时间的精华。

科技控温，更有效率

不过，随着威士忌产业的现代化，传统的熟成酒窖已不敷使用，许多蒸馏厂特别建造以科技控温而更有效率的熟成仓库，特别精准地控制着威士忌的质量。不过这类现代仓库，总让人觉得少了些什么。

储存熟成威士忌的橡木桶，是让酒液从透明、烈呛转为带香气、圆润及拥有琥珀般色泽的"功臣"。每个蒸馏厂会选择不同的橡木桶来陈放新酒

酒窖是蒸馏厂里最安静的角落，橡木桶里的酒沉睡着。

液，不同的橡木桶会赋予新酒不同的颜色与气味。选择橡木，是因为它材质坚固又有弹性，能够弯曲制成橡木桶，又经得起漫长时间的考验。

新酒因酒精浓度达 70%，在放入橡木桶前，得先稀释到 63%。一般认为这是最适合放入桶内熟成的酒精浓度，而被加入稀释的水得跟当初糖化时的水一致，才不会干扰威士忌的味道。

雪莉桶与波本桶

陈放威士忌的橡木桶，体积最大的是"雪莉桶"，它是用来熟成西班牙雪莉酒的酒桶，容量约 500 升。雪莉桶会让威士忌染上一股红艳的色泽及甘醇的甜美。其次是"组装桶"（hogshead），组装桶指的多是将美国波本威士忌橡木桶拆解成一块块木板，运到苏格兰组合而成的橡木桶，容量约 250 升，重量约等于一头猪（hog），所以有此名称。"波本桶"则是苏格兰蒸馏厂使用的大宗，因美国波本威士忌业规定必须使用全新的波本桶，苏格兰就大量接收了这些承装过一次波本威士忌的"旧"波本桶。波本桶陈放的苏格兰威士忌，酒体较为轻盈，风味也较细致，比较能够呈现出蒸馏厂的特色。

送给天使的威士忌

橡木桶十分珍贵，一个桶子寿命常长达数十年，蒸馏厂多尽其所能地使用，将它的寿命发挥到极致，通常会装填三次。若真要进行第四次装填，因橡木桶的风味已所剩无几，多会用在调和威士忌的原酒上。

在长时间的熟成里，橡木桶随着温度热胀冷缩，吸收空气中的气味和元素。桶子里的威士忌，也会因为蒸发，每年损失约 2%，这些因自然作用减少的酒，被昵称为"天使的份额",是送给天使喝掉的威士忌!

Step 6　装瓶

　　这是威士忌生产过程中最不浪漫的一个阶段。完成橡木桶熟成任务的威士忌,在送到消费者手中前必须装瓶。直接从桶中取出的原酒,酒精浓度过高,而且每一桶酒的风味不尽相同,为了统一蒸馏厂的风格,会先将熟成好的原酒集中调和后,加水将酒精浓度降到40%或43%左右,再送到装瓶厂中装瓶。

　　不过,现在有愈来愈多的蒸馏厂推出桶装原酒,甚至逐一标明装桶及装瓶的年份、编号。这记载清楚的"身份证",让爱喝威士忌的人无论身处何处,只要一杯在手,即可享受到如亲至熟成酒窖般最纯粹、单一的威士忌风味。

在橡木桶时间的长短,影响着威士忌酒色的深浅。

蒸馏厂多委托专业装瓶厂装瓶,像布赫拉迪这样连装瓶都自己来的蒸馏厂少之又少。

苏格兰威士忌产区　　>>

一直觉得威士忌瓶中装载的，不只是酒，还有产地浓浓的风土与人情。苏格兰自古以来强悍、骄傲的民族性格，冰河时期造就的地形，地表覆盖着的一层厚厚的腐植被，适合大麦生长的肥沃土地，深峻的河谷与湖泊，清澈纯净的水源，寒冷多雨的气候，酝酿出风味独特的苏格兰威士忌。

　　苏格兰威士忌丰富的风格，来自它多元的产区，即"高地区"（Highland）、"低地区"（Lowland）、"斯佩河畔区"（Speyside）、"艾莱岛"、"坎贝尔镇"和"岛屿区"（Islands）这六个不同的产区。

斯佩河畔区

　　斯佩河畔区的面积虽小，却是苏格兰威士忌六个产区中，蒸馏厂密度最高及数量最多的。苏格兰有一半以上的蒸馏厂，甚至可能高达三分之二，都集中在这个小小的产区里。

　　斯佩河畔区以斯佩河流域为主，属于这个产区的蒸馏厂，其中不乏鼎鼎大名者。许多人时常品饮的苏格兰威士忌，多数来自这里。如格兰威特（The Glenlivet）、格兰菲迪（Glenfiddich）、百富（The Balvenie）、麦卡伦（The Macallan）、格兰路思（Glenrothes）、格兰花格（Glenfarclas），信手一数，就有这么多炙手可热的威士忌品牌，可见斯佩河畔区是苏格兰威士忌一级重要的产区。

　　斯佩河畔过去就是大麦盛产之地，加上有许多流经此处的清澈河流，先天环境就很适合威士忌，早在私酿时代，就生产出许多苏格兰威士忌。现在的斯佩河畔更是苏格兰威士忌的精华地带，出产十分受欢迎的富花果香气的高雅威士忌。

艾莱岛

　　过去，艾莱岛曾被列入岛屿区，但因风格太特殊，随着艾莱岛爱好者的增加，它也就顺应民意，独立自成一产区。

　　艾莱岛上只有八家蒸馏厂，未来将增为九家，但几乎所有蒸馏厂都邻近海边，拥有强烈的海洋气息及碘酒味。平原上有着厚实的泥煤层，以泥煤烘干麦芽所增添的烟熏味，加上流经泥煤层的特殊水质，造就了艾莱岛威士忌独一无二的特色，它也是所有苏格兰威士忌产区里风格最鲜明的。

尽管苏格兰其他地区也产泥煤，但艾莱岛威士忌的风味与众不同，无法被取代。粗犷中带细致，是艾莱岛威士忌的迷人之处。

高地区

高地区是苏格兰威士忌面积最大的产区，占了苏格兰一半以上的土地，因

不同产区、不同品牌的威士忌，令人眼花缭乱。

为面积广大，有靠海处、有高山、有平原，地形落差极大，威士忌的风味也有差异，风格很难一以贯之，通常又被细分为北高地、东高地、南高地和西高地。北高地的酒体厚实；东高地因邻近斯佩河畔区，风格也类似；南高地较清爽淡雅；西高地则带点泥煤香。整个高地区集苏格兰各大产区的威士忌特色于一身。

低地区

三次蒸馏是低地区威士忌的一大特色。一般苏格兰威士忌多采用二次蒸馏，低地区因接近爱尔兰，与爱尔兰相同，直至今日都仍奉行三次蒸馏的传统。三次蒸馏能让威士忌更纯净、柔和，这也是低地区的特色。可惜属于低地区的蒸馏厂少之又少，欧肯特轩（Auchentoshan）是少数以三次蒸馏为特色的酒厂，它靠近格拉斯哥，因此被认为是格拉斯哥的蒸馏厂。另一家低地区有名的酒厂格兰昆奇（Glenkinchie），则被认为是爱丁堡的酒厂。

格拉斯哥和爱丁堡这苏格兰两大城市，虽都属低地区，彼此距离也只有二三十分钟的车程，但自古两个城市就有瑜亮情结，在格拉斯哥时，果然喝欧肯特轩的人比较多，到爱丁堡自然得改喝格兰昆奇了。

岛屿区

岛屿区是散布在苏格兰沿岸产威士忌小岛的统称，包括：拥有高原骑士（Highland Park）的奥克尼岛（Orkney），它同时也是位置最北的苏格兰威士忌产地；经典威士忌蒸馏厂大力斯可（Talisker）所在的斯凯岛（Skye）；托巴莫利（Tobermory）蒸馏厂所在的马尔岛（Mull）；还有跟艾莱岛离得很近，风格却大不同的朱拉岛；以同名蒸馏厂著称的阿伦岛（Arran）。

坎贝尔镇

坎贝尔镇位于苏格兰南边金泰尔半岛（Kintyre）的尾端，它同时也是个港口，四周都被海洋包围。坎贝尔镇有过辉煌的历史，全盛时期曾经拥有三十多家蒸馏厂，不过好景不再，整个产区一度只剩下云顶（Springbank）及格兰斯柯蒂亚（Glen Scotia）等少数蒸馏厂，但他们努力维持正常运作，不让坎贝尔镇自苏格兰威士忌的产区地图上消失。尤其是云顶，坚持使用自家生产的麦芽，是威士忌迷心中评价很高的蒸馏厂。

近年来以云顶为首的蒸馏厂，努力复兴坎贝尔镇区带有盐味、油性、风格厚重的苏格兰威士忌。

苏格兰有全世界最丰富的单一麦芽威士忌，同时也拥有众多的 Pub。Pub 文化历史悠久，人们习惯到这里喝上一杯，它同时也是重要的社交场所。

走看艾莱

寻找海豹

岛上有两百多种鸟类

艾莱岛路况单纯，景点也不复杂，八个蒸馏厂的位置，看过一遍就能记在脑海。有了方位概念后，大可以把地图丢在一旁，反正路就这么一条，走错了，再掉头就是了！

因为要去布赫拉迪蒸馏厂，难得到岛的另一端，我们临时起意再往南走，寻找海豹的踪影。艾莱岛有丰富的野生物种，岛上有超过两百种鸟类，每年都吸引为数众多的赏鸟客前来。不过，我们不是赏鸟一族，身上也没带任何装备，倒是接二连三地看到海豹。

海豹在苏格兰并不稀奇，在苏格兰许多海岸甚至港口，都见得到海豹的踪影。尤其在渔港里，因为渔夫总会把一些不需要的渔获丢入港口里，成为海豹的食物，常可见海豹冒出头来，紧邻着码头边索食。

问了波摩旅客服务中心女士的意见，知道艾莱岛不止一处看得到海豹，但她推荐我们往南，到波特纳黑文试试看。

沿着 A847 公路往南开，先经过夏洛特港，这是另一个拥有不少居民的小镇，接着经过一长段只有草原、海滩和羊群的路段，来到了波特纳黑文。

波特纳黑文的港湾里，有海豹懒洋洋地
晒着太阳。

波特纳黑文是个小渔村，可能风浪有些大，只见港口不远处有两三艘渔船，不过港湾的岩石上，倒是见到两三只海豹懒洋洋地享受着所剩无几的太阳。只是距离有点远，看得不是很清楚。

避风的 pub

不只我们特地跑来看海豹，也有不少人像我们一样，冲着海豹开车前来，还有爸爸带着女儿前来"拜访"海豹。只是风实在太大，在港口边没站多久，海风吹得头都痛了，我们赶紧躲到港口附近一间家常的 pub。虽然已是 5 月天，但 pub 的壁炉里，还是暖暖地烧着泥煤，温柔的火光让人一会儿就温暖了起来，连头痛都消失不见了。

Pub 里的客人看来都是附近的居民，电视屏幕上直播着足球赛，虽然我们对两个球队都很陌生，但球赛的气氛感染了小小的 pub，坐在吧台的人们聚精会神地看着，进球时的欢呼让我们也跟着一块高兴了起来。

看海豹的地点

在艾莱岛上，可以看到海豹的地方不止一处。经过雅柏蒸馏厂再往前开车大约二十分钟，阿德莫尔（Ardmore）也是个看得到海豹的地方。沿途人迹罕至，只有牛群眨着长睫毛，瞪着铜铃大眼，站在路中间瞧着你。沿着海岸线，可以看到不止一只海豹在礁岩上晒着太阳，只是道路狭窄，连会车都有些困难，何况是停下来悠哉地看，还是在波特纳黑文看海豹适合些。

波特纳黑文是艾莱岛典型的小渔村，房屋依着海岸林立。

古迹寻幽

艾莱岛古迹芬拉根

芬拉根（Finlaggan）是位于艾莱岛东北方的历史遗迹，它是芬拉根湖上的三个小岛。从 12 世纪至 16 世纪，有长达四百年的时间，它是岛上领主麦克唐纳（MacDonald）家族的所在地，甚至议会也设置在此。当时的领主有着盖尔人强硬的性格，并不受王室的控制。因此芬拉根也曾是艾莱岛甚至苏格兰西部岛屿的重要政治权力中心。

现在芬拉根有个简单的游客中心及小博物馆，收取门票的老奶奶好意提醒，等外头的遗址看完，还可以再进来看看博物馆里的收藏。虽然只有些残缺不全的屋子和教堂遗址，但我们身处美得令人屏息的景色中，走在连接湖中小岛的木栈道上，更可以清楚地看到，流经泥煤层的湖水清澈中有着淡淡的咖啡色。

基戴尔顿高十字架

经过雅柏蒸馏厂后，沿着狭小的产业道路一路向前，来到了基戴尔顿（The Kildalton）。这里有全苏格兰最古老、维持得最好的基督教高十字架——基戴尔顿高十字架。这个庄严的十字架，历史可追溯至公元 8 世纪，在 1862 年时被人发现，抬起这个高十字架时发现下面还有另一个小的十字架，以及一男一女的遗骸。

在另一端，有一处中世纪晚期的教堂遗址，因年代久远，已经没了屋顶。但阳光从上方泻下，照射在现已是草地的教堂土地上，气氛肃穆而宁静。

芬拉根遗址中，连接湖中小岛的木栈道。

芬拉根是艾莱岛早期的权力中心，留有当时家族的墓园遗迹。

基戴尔顿高十字架是全苏格兰现存最古老的基督教高十字架。

拜访小镇

波摩

波摩是艾莱岛的行政中心，整个镇几乎一目了然。最主要大街的尾端，是艾莱岛独特的圆形教堂，它盘踞在波摩的最高处，像是从上往下照望岛上的居民；如果是从波特艾伦的方向来，它看起来又像是留驻于小镇的入口，守护着波摩的住民。教堂之所以盖成圆形，据说是想让魔鬼无处躲藏，因为圆形的空间一览无遗，没有任何死角。

波摩兴建于 1768 年，跟兴建爱丁堡新城是同一年，同属苏格兰极早即有城市规划的地区。艾莱岛上唯一的旅客服务中心就在这里，服务中心前方有一广场，常可看到村民在这里闲聊。波摩有几家还不错的餐厅，还有一两间明显是为观光客设立的商店，像是 Spirited Soaps 这家店，将岛上的威士忌及植物做成肥皂、乳液等产品。这里也是艾莱岛上除蒸馏厂外，少数可以买"伴手礼"的地方。

波摩是整个艾莱岛最热闹的地方，但即使是艾莱岛威士忌嘉年华期间，马路上也见不到什么人潮，也没有任何活动的布条或旗子，十分低调。

艾伦港

大部分到艾莱岛的人，都是从艾伦港进来的，这个小镇可说是艾莱岛的门户，不但有渡轮港口，机场离这里也不远。尤其是要去拉弗格、拉加维林和雅柏三个蒸馏厂，都得经过艾伦港。这里也是仅次于波摩，艾莱岛上第二热闹的小镇，不少居民住在这附近。镇上更有小小的 Coop 连锁超市，也是除了波摩之外，唯一有超市的地方。

阿斯凯港

阿斯凯港是个只有一间同名旅馆、一间杂货店兼邮局的港口小镇。因为只

波摩是艾莱岛的行政首府，也是岛上最热闹的地方，但即使是嘉年华活动期间，路上行人也不多。后方为著名的圆形教堂。

波摩有艾莱岛上少数几间"特产"店，Spirited Soaps 卖各式各样的香皂，甚至有以艾莱岛单一麦芽威士忌制成的很有特色的伴手礼。

艾伦港是艾莱岛的门户，也是岛上人口较密集的区域之一。

有简单几幢建筑，真让人怀疑是否有人住在这里。

天气好时，阿斯凯港旅馆前，有人悠闲地坐着用餐、晒太阳，港湾里有小女孩拿着渔网玩耍，海天融为一色，整个阿斯凯港像是另一个天地。

岛的北端的阿斯凯港和南端的艾伦港是艾莱岛两大交通要镇，从苏格兰来的渡轮，一周有好几班，轮流在这两个地方停靠。若要前往朱拉岛，也是在阿斯凯港搭乘小渡轮。

所以在有渡轮或没有渡轮时，阿斯凯港的景象完全不同。在渡轮抵港的日子里，港口边排了长长的车龙，大小车辆都等着上渡轮，从渡轮下来的民众和车子也把阿斯凯港挤得热闹非凡。不过，等渡轮开走，来艾莱岛的人们也一哄而散后，阿斯凯港又恢复它安静、冷清的景象了。

夏洛特港

夏洛特港是艾莱岛西南方人口较密集的小镇，路途有些遥远，平时很难专程前往。不过，它离布赫拉迪蒸馏厂不远，参观布赫拉迪时，可以顺道造访。

艾莱岛博物馆（Museum of Islay Life）就位于夏洛特港，对岛上悠久的历史有详细的介绍。艾莱岛博物馆原本是座教堂，在 1976 年被买下，成为博物馆，馆藏极为丰富，从石器时代至今，有超过一千六百项馆藏物及许多珍贵的照片，想深入了解艾莱岛，这里值得走一遭。

阿斯凯港，港湾停着几艘色彩缤纷的渔船。

阿斯凯港里的同名旅馆。（梁岱琦摄影）

位于夏洛特港的艾莱岛博物馆，拥有非常丰富的艾莱岛历史及生活遗产。

艾莱岛旅游实用信息

出发前往艾莱岛前，当然得先尝一尝艾莱岛威士忌的滋味，不过，相信应该已是艾莱岛产区的爱好者，才会飞越大半个地球，往世界的另一端去。

最经济的方式：从格拉斯哥搭公交再搭船

住宿和交通是最重要的课题。到艾莱岛得先飞到苏格兰最大的城市格拉斯哥，再从格拉斯哥转往艾莱岛。其中有两个选择，省钱耗时的是先搭公交，花四个多小时的车程，从格拉斯哥出发到 Kennacraig 港口，接着从港口搭渡轮，渡轮得花两个半小时左右，才到得了艾莱岛。再加上等船、等公交的时间，七八个小时跑不掉。

最快抵达的方式：搭苏格兰国内线小飞机

搭苏格兰国内线小飞机前往艾莱岛，花费虽较高，却能省去舟车劳顿的时间，只要三十多分钟就到了。如果预算许可，这是轻松许多的选择。不过，因是只能坐二三十人的小飞机，座位有限，可得早早预订。

提早规划住宿选择多

住的部分应早些规划，有许多可选项。除了威士忌，观光是艾莱岛另一项重要收入，岛上有许多民宿，也有出租的别墅、农舍，旅馆也不少，就连雅柏和波摩这两个蒸馏厂，都有小屋、别墅按日或按周出租，能住在蒸馏厂里，也是个吸引人的选项。

布里金德饭店

http://bridgend-hotel.com/

八个酒厂分区造访

威士忌是旅行的重点，岛上的八个蒸馏厂都有自己的官方网站，通过官网可以了解每个导览行程的内容，如果不甚清楚，也可通过邮件询问。艾莱岛并不大，位于东南方的雅柏，拉加维林、拉弗格通常可以"顺道"一块游览；同在北境的布纳哈本、卡尔里拉可以一道造访；波摩地处艾莱岛中心，时常经过；位于西边的齐侯门和布赫拉迪，则适合各花半天时间。

配备宜精简，轻装旅行为上

艾莱岛拥有丰富的自然美景，对喜爱摄影的人而言，恐怕有按不完的快门。不过，千万不要为了捕捉美景，让一大堆装备拖累，一个机身、一个24mm—105mm 的镜头，就是我此次艾莱岛之行唯一的摄影配备。轻装旅行，把精力留着好好品尝威士忌，才是最聪明的选择。

艾莱岛官方网站

http://www.islayinfo.com/

里头有详细的艾莱岛历史、风土介绍，也有岛上几乎所有旅馆、民宿、度假小屋的链接，是非常实用的网站。

因为市面上能找到的艾莱岛信息有限，艾莱岛的官方网站解决了大部分的问题。建议出发前最好花时间，好好逛一逛。

艾莱岛威士忌嘉年华网站

http://www.theislayfestival.co.uk/index.php

每年会预告下一年度的艾莱岛威士忌嘉年华日期。

同时有各个蒸馏厂的"开放日"及蒸馏厂嘉年华节目表。如果不想只是逛酒厂，里头也有"非"威士忌类节目表，如盖尔民谣演唱会、戏剧工作坊的活动等，各蒸馏厂有时也会在酒窖或大厅内举办演唱会或爵士音乐会甚至高档的威士忌餐会。

飞往艾莱岛的航空公司网站

http://www.flybe.com/

唯一飞艾莱岛的廉价航空公司，票价依去、回程的时间不同，价格也不同。建议确定时间后，就赶紧把票买好，免得稍一犹豫就没位置了。

渡轮公司网站

http://www.calmac.co.uk/

连接格拉斯哥与渡轮搭乘地 Kennacraig 的公交网站

http://www.citylink.co.uk/index.php

租车公司

http://www.islaycarhire.com/

英国以手动挡的车居多，如果会开手动挡，建议选择此类，否则一样得早点把车订好，不然在岛上期间若没有交通工具，往返各蒸馏厂十分不便。

气象

http://www.bbc.com/weather/2655051

艾莱岛天气变化大，常一会儿下雨，一会儿又天晴。出发前，建议上 BBC 气象网站查询岛上首府波摩的气象，以此为基准，备妥防寒衣物。尤其是艾莱岛多风，一件防风又挡雨的外套，无论在哪个季节，都是最实用的。

艾莱岛、威士忌相关中英文对照

Andrew Brown 安德鲁·布朗

Anthony Wills 安东尼·韦尔斯

Ardbeg 雅柏

Arran 阿伦岛

Auchentoshan 欧肯特轩

Bessie Williamson 贝西·威廉森

Black Bottle 黑樽

blended whisky 调和式威士忌

bottling 装瓶

Bowmore 波摩

Bridgend Hotel 布里金德饭店

Bruce Springsteen 布鲁斯·史普林斯汀

Bruichladdich 布赫拉迪

Bunnahabhain 布纳哈本

Campbeltown 坎贝尔镇

Caol Ila 卡尔里拉

Corryvreckan 恶水漩涡

Diageo 帝亚吉欧

distillation 蒸馏

fermentation 发酵

floor malting 地板发芽

Georgie Crawford 乔吉·克劳福德

Glen Scotia 格兰斯柯蒂亚

Glenfarclas 格兰花格

Glenfiddich 格兰菲迪

Glenkinchie 格兰昆奇

Glenlivet 格兰威特

Glenrothes 格兰路思

Hebrides 赫布里底群岛

Highland Park 高原骑士

Highland 高地区

Iain McArthur 伊恩·麦克阿瑟

Ileach 艾莱人

Islands 岛屿区

Islay 艾莱岛

Jean Donnay 让·道尼

Jim McEwan 吉姆·麦克尤恩

Jim Murray 吉姆·莫瑞

Johnston 约翰斯顿

Kilbride 基尔布莱德河

Kilchoman 齐侯门

Kintyre 金泰尔半岛

Lagavulin 拉加维林

Laggan River 拉根河

Laphroaig 拉弗格

Loch Indaal 英道尔湾

Loch Nam Ban 南邦湖

Lowland 低地区

Machir Bay 马希尔海滩

Margadale 马加岱尔河

Mark Reynier 马克·雷尼耶

mashing 糖化

maturation 熟成

Mull 马尔岛

Octomore 奥特摩

Old Kiln Café 老窑咖啡

Orkney 奥克尼岛

Paps of Jura 朱拉峰

Port Askaig 阿斯凯港

Port Charlotte 夏洛特港

pot still 罐式蒸馏器

purifier 净化器

Robin 罗宾

Royal Lochnagar 皇家蓝勋蒸馏厂

single malt whisky 单一麦芽威士忌

Skye 斯凯岛

Speyside 斯佩河畔区

spirit still 再次蒸馏器

Springbank 云顶

Suntory 三得利

Talisker 大力斯可

The Balvenie 百富

The Glenlivet 格兰威特

The Holy Coo Bistro 圣牛小餐馆

The Macallan 麦卡伦

Tobermory 托巴莫利

Uisge Beatha 生命之水

wash back 发酵槽

wash still 酒汁蒸馏器

图书在版编目（CIP）数据

　　到艾莱岛喝威士忌 / 梁岱琦著；谢三泰摄影. —
杭州：浙江大学出版社，2021.4
　　ISBN　978-7-308-21098-0

　　Ⅰ.① 到…　Ⅱ.① 梁…② 谢…　Ⅲ.① 威士忌酒—介
绍—苏格兰　Ⅳ.① TS262.3

　　中国版本图书馆CIP数据核字（2021）第030509号

到艾莱岛喝威士忌

梁岱琦　著　谢三泰　摄影

责任编辑	伏健强
文字编辑	孙华硕　黄国弋
责任校对	杨利军　汪潇
装帧设计	周伟伟
出版发行	浙江大学出版社
	（杭州天目山路148号　邮政编码310007）
	（网址：http:// www.zjupress.com）
排　　版	北京楠竹文化发展有限公司
印　　刷	北京中科印刷有限公司
开　　本	710mm×1000mm　1/16
印　　张	15
字　　数	216千
版 印 次	2021年4月第1版　2021年4月第1次印刷
书　　号	ISBN 978-7-308-21098-0
定　　价	98.00元

《到艾莱岛喝威士忌》

梁岱琦　著

浙江省版权局著作权合同登记图字：11-2021-007 号